Eurocode 6：砌体结构设计

第1-1部分：配筋和无筋砌体规定

BS EN 1996-1-1：2005+A1：2012

（包含2006年2月和2009年7月的勘误内容）

[英] 英国标准化协会（BSI）

欧洲结构设计标准译审委员会 **组织翻译**

吴筱文 **译**

孙永民 贺寒辉 **一审**

梁建国 **二审**

人民交通出版社股份有限公司

北 京

图书在版编目(CIP)数据

Eurocode 6:砌体结构设计. 第1-1部分:配筋和无筋砌体规定 BS EN 1996-1-1:2005 + A1:2012 / 英国标准化协会(BSI)编;吴筱文译. — 北京:人民交通出版社股份有限公司, 2019.11

ISBN 978-7-114-16008-0

Ⅰ. ①E… Ⅱ. ①英… ②吴… Ⅲ. ①砌体结构—结构设计—建筑规范—欧洲 Ⅳ. ①TU360.4

中国版本图书馆CIP数据核字(2019)第252906号

著作权合同登记号:图字01-2019-5942

Eurocode 6:Qiti Jiegou Sheji Di 1-1 Bufen:Peijin he Wujin Qiti Guiding

书　　名: **Eurocode 6:砌体结构设计　第1-1部分:配筋和无筋砌体规定**
BS EN 1996-1-1:2005 + A1:2012

著 作 者: 英国标准化协会(BSI)

译　　者: 吴筱文

总 策 划: 朱伽林　韩　敏　孙　玺

责任编辑: 郑蕉林　李　瑞

责任校对: 刘　芹

责任印制: 刘高彤

出版发行: 人民交通出版社股份有限公司

地　　址: (100011)北京市朝阳区安定门外外馆斜街3号

网　　址: http://www.ccpress.com.cn

销售电话: (010)59757973

总 经 销: 人民交通出版社股份有限公司发行部

经　　销: 各地新华书店

印　　刷: 北京虎彩文化传播有限公司

开　　本: 880×1230　1/16

印　　张: 8.5

字　　数: 175千

版　　次: 2019年11月　第1版

印　　次: 2020年6月　第2次印刷

书　　号: ISBN 978-7-114-16008-0

定　　价: 700.00元

(有印刷、装订质量问题的图书,由本公司负责调换)

出 版 说 明

包括本标准在内的欧洲结构设计标准(Eurocodes)及其英国附件、法国附件和配套设计指南的中文版,是2018年国家出版基金项目“土木工程欧洲规范翻译与比较研究出版工程(一期)”的成果。

在对欧洲结构设计标准及其相关文本组织翻译出版过程中,考虑到标准的特殊性、用户基础和应用程度,我们在力求翻译准确性的基础上,还遵循了一致性和有限性原则。在此,特就有关事项作如下说明:

1. 本标准中文版根据英国标准化协会(BSI)提供的英文版进行翻译,仅供参考之用,如有异议,请以原版为准。

2. 中文版的排版规则原则上遵照外文原版。

3. Eurocode(s)是个组合再造词。本标准及相关标准范围内,Eurocodes 特指一系列共10部欧洲标准(EN 1990 ~ EN 1999),旨在为房屋建筑和构筑物及建筑产品的设计提供通用方法;Eurocode 与某一数字连用时,特指 EN 1990 ~ EN 1999 中的某一部,例如,Eurocode 8 指 EN 1998 结构抗震设计。经专家组研究,确定 Eurocode(s)宜翻译为“欧洲结构设计标准”,但为了表意明确并兼顾专业技术人员用语习惯,在正文翻译中保留 Eurocode(s)不译。

4. 书中所有的插图、表格、公式的编排以及与正文的对应关系等与外文原版保持一致。

5. 书中所有的条款序号、括号、函数符号、单位等用法,如无明显错误,与外文原版保持一致。

6. 在不影响阅读的情况下书中涉及的插图均使用英文原版插图,仅对图中文字进行必要的翻译和处理;对部分影响使用的英文原版插图进行重绘。

7. 书中涉及的人名、地名、组织机构名称以及参考文献等均保留外文原文。

特别致谢

本标准的译审由以下单位和人员完成。中交路桥建设有限公司海外分公司吴筱文承担了主译工作,陕西省建筑科学研究院有限公司孙永民、湖南文理学院贺寒辉、长沙理工大学梁建国承担了主审工作。他(她)们分别为本标准的翻译工作付出了大量精力。在此谨向上述单位和人员表示感谢!

欧洲结构设计标准译审委员会

主 任 委 员：周绪红（重庆大学）
副主任委员：朱伽林（人民交通出版社股份有限公司）
杨忠胜（中交第二公路勘察设计研究院有限公司）
秘 书 长：韩 敏（人民交通出版社股份有限公司）
委 员：秦顺全（中铁大桥勘测设计院集团有限公司）
聂建国（清华大学）
陈政清（湖南大学）
岳清瑞（中冶建筑研究总院有限公司）
卢春房（中国铁道学会）
吕西林（同济大学）
（以下按姓氏笔画排序）
王 佐（中交第一公路勘察设计研究院有限公司）
王志彤（中国天辰工程有限公司）
冯鹏程（中交第二公路勘察设计研究院有限公司）
刘金波（中国建筑科学研究院有限公司）
李 刚（中国路桥工程有限责任公司）
李亚东（西南交通大学）
李国强（同济大学）
吴 刚（东南大学）
张晓炜（河南省交通规划设计研究院股份有限公司）
陈宝春（福州大学）
邵长宇［上海市政工程设计研究总院（集团）有限公司］
邵旭东（湖南大学）
周 良［上海市城市建设设计研究总院（集团）有限公司］
周建庭（重庆交通大学）
修春海（济南轨道交通集团有限公司）
贺拴海（长安大学）
黄 文（航天建筑设计研究院有限公司）
韩大章（中设设计集团股份有限公司）
蔡成军（中国建筑标准设计研究院）
秘书组组长：孙 玺（人民交通出版社股份有限公司）
秘书组副组长：狄 谨（重庆大学）
秘书组成员：李 喆 卢俊丽 李 瑞 李 晴 钱 堃
岑 瑜 任雪莲 蒲晶境（人民交通出版社股份有限公司）

欧洲结构设计标准译审委员会总体组

组　　　　长：余顺新（中交第二公路勘察设计研究院有限公司）
成　　　　员：（按姓氏笔画排序）
王敬烨（中国铁建国际集团有限公司）
车　铁（大连理工大学）
卢树盛［长江岩土工程总公司（武汉）］
吕大刚（哈尔滨工业大学）
任青阳（重庆交通大学）
刘　宁（中交第一公路勘察设计研究院有限公司）
宋　婕（中国建筑标准设计研究院）
李　顺（天津水泥工业设计研究院有限公司）
李亚东（西南交通大学）
李志明（中冶建筑研究总院有限公司）
李雪峰［上海市城市建设设计研究总院（集团）有限公司］
张　寒（中国建筑科学研究院有限公司）
张春华（中交第二公路勘察设计研究院有限公司）
狄　谨（重庆大学）
胡大琳（长安大学）
姚海冬（中国路桥工程有限责任公司）
徐晓明（航天建筑设计研究院有限公司）
郭　伟（中国建筑标准设计研究院）
郭余庆（中国天辰工程有限公司）
黄　侨（东南大学）
谢亚宁（中设设计集团股份有限公司）
秘　　　　书：李　喆（人民交通出版社股份有限公司）
卢俊丽（人民交通出版社股份有限公司）

英国标准

BS EN 1996-1-1:2005 +A1:2012

包含2006年2月和2009年7月的勘误内容

Eurocode 6：砌体结构设计

第1-1部分：配筋和无筋砌体规定

ICS 91.010.30;91.080.30

国家前言

本英国标准为 EN 1996-1-1:2005 + A1:2012 在英国的实施版本,包含了 2009 年 7 月的勘误内容。本标准替代废止的 BS EN 1996-1-1:2005。

本标准中因勘误而新增或改变的内容在相应文本的开头和结尾处用标签进行了标识。欧洲标准化委员会(CEN)2009 年 7 月勘误的内容在正文中用AC⟩⟨AC标注。

本标准中因修订而新增或改变的内容在相应文本的开头和结尾处用标签进行了标识。欧洲标准化委员会(CEN)修订的内容标注 CEN 的编号。例如,CEN 修订案 A1 修改的内容在正文中用A1⟩⟨A1标注。

当本标准的某项内容允许各国自行选择时,正文中会给出范围和可能的选项,并以注的形式将其定义为国家定义参数(NDP)。在欧洲标准中提及 NDPs 时,其可以是一个具体的系数值、一个特定的级别或类别、一种特殊的方法或特殊的应用性规定。

为了在英国应用 EN 1996-1-1:2005 + A1:2012,需同时使用包含 NDPs 的最新版国家附件。出版时,该国家附件的版本号为 NA to BS EN 1996-1-1:2005 + A1:2012。

受房屋建筑和土木工程结构技术委员会 B/525 的委托,本英国标准的相关工作由砌体应用分委员会 B/525/6 负责。

可向秘书处索要该分委员会的组织机构名单。

本出版物不包含合同的所有必要条款。用户对其正确使用负责。

符合英国标准并不表示可以免除法律责任。

本英国标准于 2005 年 11 月 30 日由标准政策和策略委员会授权发布

英国标准化协会(BSI)标准有限公司 2013 年出版

ISBN 978 0 580 72628 6

自发布以来提出的修订/勘误

修订编号	日　期	备　注
16209 1 号修订案	2006 年 2 月	修订的详细说明
	2009 年 12 月 31 日	实施 CEN 2009 年 7 月的勘误内容
	2013 年 4 月 30 日	实施 CEN A1:2012 的修订内容

EN 1996-1-1:2005 + A1

欧洲标准

2012 年 11 月

ICS 91.010.30;91.080.30

替代 EN 1996-1-1:2005

英文版

Eurocode 6:砌体结构设计　第 1-1 部分:配筋和无筋砌体规定

本欧洲标准于 2005 年 6 月 23 日经欧洲标准化委员会(CEN)批准,并包含 CEN 于 2012 年 7 月 6 日批准的 1 号修订案。

CEN 成员均须遵守 CEN/CENELEC 内部规章,其条款规定了在不作任何修改的情况下给予本欧洲标准国家标准地位的条件。可向管理中心或任何 CEN 成员提出申请,获取这些国家标准的最新清单和参考书目。

本欧洲标准有三个官方版本(英文版、法文版和德文版)。任何其他语言的版本,由 CEN 成员负责翻译成本国语言,并通知管理中心,其具有与官方版本相同的地位。

CEN 成员为各国的国家标准机构,包括奥地利、比利时、保加利亚、克罗地亚、塞浦路斯、捷克、丹麦、爱沙尼亚、芬兰、前南斯拉夫马其顿共和国(译者注:现称北马其顿)、法国、德国、希腊、匈牙利、冰岛、爱尔兰、意大利、拉脱维亚、立陶宛、卢森堡、马耳他、荷兰、挪威、波兰、葡萄牙、罗马尼亚、斯洛伐克、斯洛文尼亚、西班牙、瑞典、瑞士、土耳其和英国。

EUROPEAN COMMITTEE FOR STANDARDIZATION
COMITÉ EUROPÉEN DE NORMALISATION
EUROPÄISCHES KOMITEE FÜR NORMUNG

管理中心:马尔尼克斯大街 17 号,B-1000,布鲁塞尔

(Avenue Marnix 17,B-1000,Brussels)

　文献编号: EN 1996-1-1:2005 + A1:2012:E

目　次

前言

本欧洲标准(EN 1996-1-1:2005+A1:2012)由“Structural Eurocodes”技术委员会CEN/TC 250编制,其秘书处设在英国标准化协会(BSI)。

本欧洲标准应于2013年5月前通过发布等同文本或认可文件,被赋予国家标准的地位,与之冲突的国家标准最迟应于2013年5月废止。

注意,本标准的某些要素可能是专利权主体。CEN(和/或CENELEC)不负责识别部分或全部专利权。

本标准包括CEN 2009年7月29日发布的1号勘误和2012年7月6日批准的1号修订案。

本标准替代[A1) EN 1996-1-1:2005 (A1]。

本标准中因修订而新增或改变的内容在相应文本的开头和结尾用标签[A1)(A1]进行标识。

本标准中与CEN勘误有关的修改内容已经在相应文本处标出,并用标签[AC)(AC]进行标识。

本标准的编制是在CEN的授权下进行的,欧洲委员会和欧洲自由贸易联盟授予了CEN此项权利。

根据CEN/CENELEC的内部规章,以下国家的国家标准组织结构必须执行本欧洲标准:奥地利、比利时、保加利亚、克罗地亚、塞浦路斯、捷克、丹麦、爱沙尼亚、芬兰、前南斯拉夫的马其顿共和国(译者注:现称北马其顿)、法国、德国、希腊、匈牙利、冰岛、爱尔兰、意大利、拉脱维亚、立陶宛、卢森堡、马耳他、荷兰、挪威、波兰、葡萄牙、罗马尼亚、斯洛伐克、斯洛文尼亚、西班牙、瑞典、瑞士、土耳其和英国。

Eurocode 计划的编制背景

1975年,欧洲共同体委员会(Commission of the European Community,以下简称“委员会”)决定根据欧洲共同体条约第95条,在工程建设领域采取一项行动计划。该计划的目的是消除行业的技术壁垒和统一技术标准。

在此项行动计划中,委员会牵头制定了一套统一的建筑工程设计技术规定,这套技术规定在第一阶段作为各成员国现行国家规范的一种替代方案,并会最终替代这些国家规范。

在各成员国组成的指导委员会的帮助下,委员会用了15年的时间进行标准编制,于20世纪80年代形成了第一版欧洲标准。

1989年,委员会、欧盟(EU)(译者注:此处原文有误,应是欧洲共同体)成员国和欧洲自由贸易联盟(EFTA)根据委员会和CEN之间的协议[1],决定通过一系列授权将Eurocodes的编制和出版任务移交给CEN,以便其在将来具备欧洲标准(EN)的地位。这实际上将Eurocodes与所有理事会指令[如:建筑产品指令(CPD)(理事会89/106/EEC号指令),公共工程和服务指令(理事会93/37/EEC、92/50/EEC和89/440/EEC号指令),以及为建立内部市场而启动的等效EFTA指令]和/或委员会关于欧洲标准的决议联系了起来。

欧洲结构设计标准包含以下标准,一般来说,每个标准包含若干部分:

EN 1990,Eurocode:结构设计基础

EN 1991,Eurocode 1:结构上的作用

EN 1992,Eurocode 2:混凝土结构设计

EN 1993,Eurocode 3:钢结构设计

EN 1994,Eurocode 4:钢与混凝土组合结构设计

EN 1995,Eurocode 5:木结构设计

EN 1996,Eurocode 6:砌体结构设计

EN 1997,Eurocode 7:岩土工程设计

EN 1998,Eurocode 8:结构抗震设计

EN 1999,Eurocode 9:铝结构设计

欧洲标准认可各成员国监管机构的责任,并保证各国有权确定与安全监管事项有关的参数,这些参数的取值因国而异。

Eurocodes 的地位和应用领域

欧盟(EU)成员国和欧洲自由贸易联盟(EFTA)认可Eurocodes作为参考文件有下列用途:

—作为房屋建筑和构筑物符合89/106/EEC号理事会指令基本要求的证明手段,特别是基本要求1——结构抗力及稳定性和基本要求2——发生火灾时的安全性能;

—作为确定建筑物及相关工程服务合同的基本依据;

—作为制定建筑产品统一技术规则(ENs和ETAs)的框架性指导文件。

尽管Eurocodes与产品统一技术规则[2]性质不同,但对建筑工程本身而言,其与CPD第12条所述的解释性文件[3]有直接关系。因此,CEN技术委员会和/或欧洲技

---

[1]欧洲共同体委员会与欧洲标准化委员会(CEN)之间达成的协议,其内容是为房屋建筑和构筑物设计制定Eurocodes(BC/CEN/03/89)。

[2]根据CPD第12条,解释性文件应包含以下内容:

a)通过统一术语和技术基础,并在必要时标明每条要求的等级或水平,以给出基本要求的具体形式;

b)说明将这些要求的等级或水平与技术规则相关联的方法,例如:计算方法、验证方法、项目设计的技术规定等;

c)作为建立欧洲技术认证的统一标准与指南的参考。

Eurocodes在基本要求1(ER1)和部分基本要求2(ER2)中实际上具有类似的作用。

[3]根据CPD第3.3条,解释性文件中应给出基本要求(ERs)的具体形式,以便在基本要求和统一的ENs和ETAGs/ETAs规定之间建立必要的联系。

术认证组织(EOTA)中制定产品标准的工作组,必须充分考虑 Eurocodes 所产生的技术问题,以期实现这些产品技术规定与 Eurocodes 的完全兼容。

针对各种传统和新型结构,Eurocodes 为常用的结构整体设计和工程及建筑结构产品局部设计提供了通用的结构设计规定。本标准未涵盖一些特殊的建筑形式或设计工况,涉及这种情况时,设计者需要另行咨询专家意见。

执行 Eurocodes 的国家标准

Eurocodes 作为国家标准时,应包括 CEN 出版的 Eurocode(含全部附录)全部文本,其文前可加上国家版书名页和国家前言,另可配套国家附件。

国家附件可只包含 Eurocodes 中留待各国自行选择的参数信息,即"国家定义参数",这些参数将用于相关国家的建筑和土木工程设计,即:

—Eurocode 中给出的备选方案的值和/或级别(类别);

—Eurocode 中仅给出符号时,其对应的取值;

—国家特有数据(地理、气候等方面),如:雪荷载分布图;

—Eurocode 中给出的备选方法的使用方法。

国家附件还可能包括以下内容:

—关于使用资料性附件的决定;

—非矛盾性补充信息,以协助用户正确使用 Eurocode。

Eurocodes 和产品统一技术规则(ENs 和 ETAs)之间的联系

建筑产品的统一技术规则和工程技术规定[4]之间需保持一致。此外,对于参考 Eurocodes 的建筑产品,其 CE 标志中所有信息,凡应用国家定义参数的,均应明确提及。

本欧洲标准是 EN 1996 的一部分,包含以下内容:

第 1-1 部分:配筋砌体和无筋砌体AC结构AC的规定

注:本标准包括 ENV1996-1-1 和 ENV1996-1-3。

第 1-2 部分:一般规定——结构防火设计

第 2 部分:砌体材料的设计、选择和施工

第 3 部分:无筋砌体结构的简化计算方法

EN1996-1-1 说明了砌体结构安全性、适用性和耐久性的设计原则和要求。标准基于极限状态概念,与分项系数法结合使用。

新建结构设计时,应直接使用 EN1996-1-1,并与 EN 1990、EN 1991、EN 1992、EN 1993、EN 1994、EN 1995、EN 1997、EN 1998 和 EN 1999 配合使用。

EN 1996-1-1 可供以下用户使用:

—起草结构设计和相关产品、试验及施工标准的委员会;

—客户(例如,用于制定关于可靠度水平和耐久性的具体要求);

---

[4]见 CPD 第 3.3 条、第 12 条,以及 ID1 的 4.2、4.3.1、4.3.2 和 5.2。

—设计人员和施工人员;

—相关主管部门。

EN 1996-1-1 的国家附件

本标准给出一些符号和备选方法,用于各国确定符号值和选择方法,并通过相应条款下的注说明。EN 1996-1-1 作为国家标准时宜包括一份国家附件,其中包含相关国家设计房屋建筑与构筑物时所需的所有国家定义参数 。

EN 1996-1-1 的以下条款,允许各国自行决定:

—2.4.3(1)P 承载能力极限状态;

—2.4.4(1)正常使用极限状态;

—3.2.2(1)砌筑砂浆的技术要求;

—3.6.1.2(1)砌体(不包括外壁浆砌砌体)抗压强度标准值;

—3.6.2(3)、(4)和(6)砌体的抗剪强度标准值;

—[A1) 3.6.4(3) (A1]砌体的抗弯强度标准值;

—3.7.2(2) 弹性模量;

—3.7.4(2) 徐变、湿胀干缩、热胀;

—4.3.3(3)和 (4) 钢筋;

—5.5.1.3(3) 砌体墙体的有效厚度;

—6.1.2.2(2) 高厚比 λ_c,小于此值,徐变可忽略;

—[A1) 6.2(2) 极限抗剪承载力设计值(A1];

—8.1.2 (2)墙体的最小厚度;

—8.5.2.2(2)[AC)夹心墙和饰面墙(AC];

—8.5.2.3(2) 双叶墙;

—8.6.2(1) 竖向槽坑;

—8.6.3(1) 水平槽和斜向槽。

1 总则

1.1 适用范围

1.1.1 Eurocode 6 的适用范围

(1)P Eurocode 6 适用于无筋砌体、配筋砌体、预应力砌体和约束砌体建筑物、土木工程构筑物或其构件的设计。

(2)P Eurocode 6 仅涉及结构的承载力、适用性和耐久性要求。其他要求,例如隔热、隔声等未予考虑。

(3)P 关于施工的规定,其深度仅止于能够表明所使用建筑材料和产品的质量,现场的施工工艺标准需符合设计规定中作出的假定。

(4)P Eurocode 6 未述及抗震设计的特殊要求。与这些要求相关的条款见 Eurocode 8,它补充了 Eurocode 6 并与 Eurocode 6 具有一致性。

(5)P 进行建筑物和土木工程构筑物设计时,作用的取值,没有在 Eurocode 6 中给出,而在 Eurocode 1 中给出。

1.1.2 Eurocode 6 第 1-1 部分的适用范围

(1)P 本标准给出了砌体建筑物和土木工程构筑物的设计依据,该部分涉及无筋砌体和配筋砌体,配筋砌体中钢筋的作用是增强延性、强度或者改善适用性。本标准还给出了预应力砌体和约束砌体的原则性规定,但是没有给出应用性规定。本标准不适用于平面面积小于 $0.04m^2$ 的砌体。

(2)对于本标准没有完全涵盖的结构类型、常规材料在结构中的新应用、新材料或者所承受的作用和其他影响超出了正常经验范围时,也可应用本标准给出的原则性规定和应用性规定,但可能需要进行补充。

(3)本标准的具体规定主要适用于普通建筑。由于实际原因或者进行了简化,相关规定的适用范围可能受到了限制,必要时会在正文中给出。

(4)P　本标准包括以下内容:

—第 1 章　总则;

—第 2 章　设计基础;

—第 3 章　材料;

—第 4 章　耐久性;

—第 5 章　结构分析;

—第 6 章　承载能力极限状态;

—第 7 章　正常使用极限状态;

—第 8 章　构造;

—第 9 章　施工。

(5)P　本标准不涵盖下列内容:

—防火(在 EN 1996-1-2 中作出规定);

—特种建筑的特定内容(例如,高层建筑的动力效应);

—特种土木工程构筑物的特定内容(如砌体桥梁、水坝、烟囱或者挡水结构);

—特种结构的特定内容(例如,拱形或者圆屋顶);

—有石膏砂浆的砌体,不论掺不掺水泥;

—砌块不规则砌筑的砌体(毛石砌体);

—采用其他材料,而非钢筋进行加强的砌体。

[AC〉已删除的正文〈AC]

1.2　规范性引用文件

1.2.1　一般规定

(1)P　本标准在适当位置引用了下列有日期标注或无日期标注的文件,及其他出版物的条款。对于有日期标注的文件,其后续修改或修订仅在通过修改或修订被纳入本标准后,方可适用;对于无日期标注的文件,其最新版(包括修订版)适用于本标准。

1.2.2　引用标准

本标准引用了下列标准:

—EN 206-1,混凝土——第 1 部分:规格参数、性能要求、生产控制与合格评定

—EN 771-1,砌块规范——第 1 部分:黏土砖

—EN 771-2,砌块规范——第 2 部分:硅酸钙砖

—EN 771-3,砌块规范——第 3 部分:集料混凝土砌块(密实集料和轻集料)

—EN 771-4,砌块规范——第 4 部分:蒸压加气混凝土砌块

—EN 771-5,砌块规范——第 5 部分:人造石砌块

—EN 771-6,砌块规范——第 6 部分:天然石砌块

—EN 772-1,砌块试验方法——第 1 部分:抗压强度的确定

—EN 845-1,砌体辅助配件规范——第 1 部分:拉结件、拉结带、挂钩和支架

—EN 845-2,砌体辅助配件规范——第 2 部分:过梁

—EN 845-3,砌体辅助配件规范——第 3 部分:水平灰缝钢筋网

—EN 846-2,砌体辅助配件试验方法——第 2 部分:砂浆缝中预制水平灰缝钢筋的粘结强度试验

—EN 998-1,砌体用砂浆规范——第 1 部分:打底和抹面砂浆

—EN 998-2,砌体用砂浆规范——第 2 部分:砌筑砂浆

—EN 1015-11,砌体用砂浆试验方法——第 11 部分:硬化后砂浆的抗弯强度和抗压强度试验

—EN 1052-1,砌体试验方法——第 1 部分:抗压强度的确定

—EN 1052-2,砌体试验方法——第 2 部分:抗弯强度的确定

—EN 1052-3,砌体试验方法——第 3 部分:初始抗剪强度的确定

—EN1052-4,砌体试验方法——第 4 部分:带防潮层的砌体抗剪强度的确定

—EN1052-5,砌体试验方法——第 5 部分:采用粘结扭转法确定粘结强度试验

—EN 1990,结构设计基础

—EN 1991,结构上的作用

—EN 1992,混凝土结构设计

—EN 1993,钢结构设计

—EN 1994,钢与混凝土组合结构设计

—EN 1995,木结构设计

—EN 1996-2,砌体材料的设计、选择和施工

—EN 1997,岩土工程设计

—EN 1999,铝结构设计

—EN 10080,钢筋混凝土的钢材——可焊钢筋

—prEN 10138,预应力钢筋

—[AC) prEN 10348,钢筋混凝土中的钢材——镀锌钢(AC]

1.3 假定

(1)P EN 1990:2002 中 1.3 给出的假定适用于本标准。

1.4 原则性规定与应用性规定的区别

(1)P EN 1990:2002 中 1.4 给出的规定适用于本标准。

1.5 术语与定义

1.5.1 一般规定

(1)EN 1990:2002 中 1.5 给出的术语与定义适用于本标准。

(2)用于本标准的术语和定义的释义见本标准 1.5.2 ~1.5.11。

1.5.2 与砌体相关的术语

1.5.2.1

砌体(masonry)

将砌块以规定的方式排布并用砂浆粘结的组合体。

1.5.2.2

无筋砌体(unreinforced masonry)

钢筋用量不多,不能按配筋砌体考虑的砌体。

1.5.2.3

配筋砌体(reinforced masonry)

砂浆或混凝土中埋置了钢筋或者钢筋网片,以使所有材料共同作用抵抗作用效应的砌体。

1.5.2.4

预应力砌体(prestressed masonry)

通过张拉钢筋特意引入内部压应力的砌体。

1.5.2.5

约束砌体(confined masonry)

在竖直方向和水平方向设置了钢筋混凝土约束构件或者配筋砌体约束构件的砌体。

1.5.2.6

砌体砌筑(masonry bond)

砌体中的砌块按一定规律排布使其共同作用。

1.5.3 与砌体强度相关的术语

1.5.3.1

砌体强度标准值(characteristic strength of masonry)

假定砌体进行无限次试验,有5%的概率不能达到的强度值。假定试验时材料或产品某方面的性能符合一定的统计分布,该值一般对应某一特定的分位点。有些情况下,采用名义值作为标准值。

1.5.3.2

砌体抗压强度(compressive strength of masonry)

没有压板约束、高厚比或者荷载偏心影响的受压砌体的强度。

1.5.3.3

砌体抗剪强度(shear strength of masonry)

[A1⟩砌体受剪时的强度。⟨A1]

1.5.3.4

砌体抗弯强度(flexural strength of masonry)

砌体受弯时的强度。

1.5.3.5

锚固粘结强度(anchorage bond strength)

当钢筋承受拉力或者压力时,在钢筋和混凝土或者砂浆之间,单位表面积的粘结强度。

1.5.3.6

粘附力(adhesion)

在砂浆与砌块接触的表面上,砂浆具有的抗拉和抗剪承载力效应。

1.5.4 与砌块相关的术语

1.5.4.1

砌块(masonry unit)

拟用于砌体结构的预制构件。

1.5.4.2

第1、2、3、4组砌块(groups 1,2,3 and 4 masonry units)

根据孔洞率和砌筑时的孔洞方向对砌块进行分组。

1.5.4.3

砌筑面(bed face)

按预期方式砌筑时,砌块的顶面或者底面。

1.5.4.4

凹槽(frog)

砌块生产过程中在一个砌筑面或者两个砌筑面上形成的凹进部分。

1.5.4.5

孔洞(hole)

贯通或未完全贯通砌块的空洞。

1.5.4.6

抓孔(griphole)

用单手或双手或通过机械抓握和提升砌块而形成的孔洞。

1.5.4.7

肋(web)

砌块孔洞间的实心部分。

1.5.4.8

外壁(shell)

孔洞与砌块表面之间的外围材料。

1.5.4.9

毛面积(gross area)

未扣除孔洞、空隙凹槽的砌块横截面面积。

1.5.4.10

砌块抗压强度(compressive strength of masonry units)

规定数量砌块的平均抗压强度(见 EN 771-1 ~ EN 771-6)。

1.5.4.11

砌块标准化抗压强度(normalized compressive strength of masonry units)

砌块抗压强度转换为 100mm 宽 × 100mm 高标准砌块后的风干抗压强度(见 EN 771-1 ~ EN 771-6)。

1.5.5 与砂浆相关的术语

1.5.5.1

砌筑砂浆(masonry mortar)

由一种或多种胶凝材料、集料和水组成的混合物,有时掺入外加剂或掺合料,用于砌体的砌筑、缝隙和勾缝。

1.5.5.2

一般用途砌筑砂浆(general purpose masonry mortar)

无特殊性能的砌筑砂浆。

1.5.5.3

薄层砌筑砂浆(thin layer masonry mortar)

集料最大粒径小于等于规定值的特定性能砌筑砂浆。

注:见 3.6.1.2(2)注。

1.5.5.4

轻质砌筑砂浆(lightweight masonry mortar)

[AC〉依据 EN 998-2 的规定,硬化后干密度小于等于 1300kg/m^{3}的特定性能砌筑砂浆。〈AC]

1.5.5.5

特定砌筑砂浆(designed masonry mortar)

组成成分和生产工艺满足特定性能要求的砂浆(性能概念)。

1.5.5.6

规定配合比砂浆(prescribed masonry mortar)

按照规定的配合比生产的砂浆,性能由规定组分的比例决定(配合比概念)。

1.5.5.7

厂制砌筑砂浆(factory made masonry mortar)

工厂批量拌和生产的砂浆。

1.5.5.8

厂制半成品砌筑砂浆(semi-finished factory made masonry mortar)

预配料砌筑砂浆或预拌石灰和砂的砌筑砂浆。

1.5.5.9

预拌砌筑砂浆(prebatched masonry mortar)

组分全部在工厂批量生产的砂浆配料供应到现场后根据生产厂的要求和条件进行拌和。

1.5.5.10

预拌石灰和砂的砌筑砂浆(premixed lime and sand masonry mortar)

组分全部在工厂进行批量生产和拌和,供应到现场后再添加规定组分或工厂提供的组分(如水泥),并与石灰和砂进行拌和的砂浆。

1.5.5.11

现场拌和砂浆(site-made mortar)

各独立组分均在现场生产和拌制的砂浆。

1.5.5.12

砂浆抗压强度(compressive strength of mortar)

规定数量的砂浆试块养护 28d 后的平均抗压强度。

1.5.6 与灌孔混凝土相关的术语

1.5.6.1

灌孔混凝土(concrete infill)

用于填充砌体中的预留空腔或孔洞的混凝土。

1.5.7 与钢筋有关的术语

1.5.7.1

钢筋(reinforcing steel)

用在砌体中的钢筋。

1.5.7.2

水平灰缝钢筋(bed joint reinforcement)

预置在水平灰缝中的钢筋。

1.5.7.3

预应力钢筋(prestressing steel)

用于砌体中的钢丝、钢筋或者钢绞线。

1.5.8 与辅助配件有关的术语

1.5.8.1

防潮层(damp proof course)

砌体中用于阻止水通过的一层薄板、砌块,或者其他材料。

1.5.8.2

墙体拉结件(wall tie)

穿过夹心墙的空腔将夹心墙的一叶连接到另一叶,或者连接到框架结构,或者连接到背衬墙的装置。

1.5.8.3

拉结带(strap)

连接砌体和其他相邻构件(如楼盖和屋盖)的装置。

A1〉1.5.8.4

组合过梁(composite intel)

由预制件和其上现场砌筑的砌体组合而成,两者共同作用的过梁。〈A1

1.5.9 与灰缝相关的术语

1.5.9.1

水平灰缝(bed joint)

砌块砌筑面之间的砂浆层。

1.5.9.2

竖向灰缝(顶缝)[perpend joint(head joint)]

垂直于水平灰缝和墙面的灰缝。

1.5.9.3

纵向灰缝(longitudinal joint)

位于墙厚方向平行于墙面的竖向灰缝。

1.5.9.4

薄灰缝(thin layer joint)

薄层砂浆形成的缝。

1.5.9.5

砌缝(jointing)

施工中,完成灰缝的铺砌过程。

1.5.9.6

勾缝(pointing)

将缝隙表面清理或清空后,然后填充砂浆形成灰缝的过程。

1.5.10 与墙体类型有关的术语

1.5.10.1

承重墙(load-bearing wall)

设计主要用于承受除自重外荷载的墙体。

1.5.10.2

单叶墙(single-leaf wall)

无空腔的墙体或平面内没有连续纵向灰缝的墙体。

1.5.10.3

夹心墙(cavity wall)

由两叶平行的单叶墙构成的墙体,两叶墙通过拉结件或者水平灰缝钢筋有效地连接在一起。两叶墙之间可为连续空腔,或采用非承重隔热材料全部填充或部分填充。

注:由两叶墙构成且中间有空腔分隔的墙体,其中一叶墙不能增强另一叶墙(可能是承重墙)的强度和刚度,那么将这一叶墙称为饰面墙。

1.5.10.4

双叶墙(double-leaf wall)

由两叶平行的墙体构成,墙体之间的纵缝采用砂浆紧密填充并用拉结件牢固连接,能共同作用抵抗荷载的墙体。

1.5.10.5

灌浆夹心墙(grouted cavity wall)

由两叶平行的墙体构成,墙体之间的空腔用混凝土或者灌浆料填充并用拉结件或水平灰缝钢筋牢固连接,共同作用抵抗荷载的墙体。

1.5.10.6

面墙(faced wall)

饰面和背墙砌筑,共同作用抵抗荷载的墙体。

1.5.10.7

外壁浆砌墙(shell bedded wall)

砌块砌筑在两条或多条砂浆上,其中两条砂浆位于砌块砌筑面外边缘的墙体。

1.5.10.8

饰面墙(veneer wall)

作为饰面,但不与背墙一起砌筑时或者不承担背墙或框架结构强度的墙体。

1.5.10.9

剪力墙(shear wall)

平面上抵抗横向力的墙体。

1.5.10.10

加劲墙(stiffening wall)

垂直于另一面墙,使此墙能够抵抗横向力,或抵抗屈曲,以提高建筑稳定性的墙体。

1.5.10.11

非承重墙(non-loadbearing wall)

不抵抗外力,能拆除而不影响剩余结构整体性的墙体。

1.5.11 其他术语

1.5.11.1

槽(chase)

砌体中的沟槽。

1.5.11.2

坑(recess)

墙面上的凹坑。

1.5.11.3

灌浆(grout)

由水泥、砂及水组成,用以灌填细小孔隙或空间的可浇注混合物。

1.5.11.4

变形缝(movement joint)

允许在墙体平面内自由变形的缝。

[A1⟩ 1.5.11.5

内置长度(built in length)

由生产厂标示的,满足锚固钢筋要求的预制构件长度,见 EN 845-2。⟨A1]

1.6 符号

(1)与材料无关的符号见 EN 1990 中 1.6。

(2)本标准用到的与材料有关的符号为:

拉丁字母

a_1——墙边到承载区域最近边缘的距离;

[A1⟩已删除的正文⟨A1]

[A1⟩ a_v——构件最大弯矩和最大剪力之比;⟨A1]

A——墙体的水平承载截面总面积;

A_{ef}——有效承载面积;

A_s——钢筋截面面积；

A_{sw}——抗剪钢筋面积；

b——截面宽度；

b_c——约束之间中部受压面宽度；

b_{ef}——翼墙构件的有效宽度；

$b_{ef,l}$——[AC〉 L 形〈AC] 翼墙构件的有效宽度；

$b_{ef,t}$——[AC〉 T 形〈AC] 翼墙构件的有效厚度；

c_{nom}——混凝土保护层公称厚度；

d——梁的有效高度；

d_a——在横向设计荷载下拱的挠度；

d_c——受弯方向芯柱截面最大尺寸；

e_c——附加偏心距；

e_{he}——水平荷载在墙顶或墙底引起的偏心距；

e_{hm}——水平荷载在墙体中部引起的偏心距；

e_i——墙顶或墙底的偏心距；

e_{init}——初始偏心距；

e_k——徐变引起的偏心距；

e_m——荷载引起的偏心距；

e_{mk}——墙体中部偏心距；

E——砌体的短期割线弹性模量；

[AC〉 E_d——作用于配筋砌体构件的弹性模量设计值；〈AC]

$E_{longterm}$——砌体的长期弹性模量；

E_n——第 n 个构件的弹性模量；

f_b——砌块标准化平均抗压强度；

f_{bod}——钢筋锚固强度设计值；

f_{bok}——锚固强度标准值；

f_{ck}——灌孔混凝土抗压强度标准值；

f_{cvk}——灌孔混凝土抗剪强度标准值；

f_d——所计算方向上的砌体抗压强度设计值；

f_k——砌体抗压强度标准值；

f_m——砌筑砂浆抗压强度；

f_{vd}——砌体抗剪强度设计值；

f_{vk}——砌体抗剪强度标准值；

f_{vk0}——压应力等于 0 时，砌体的初始抗剪强度标准值；

[A1] f_{vk0i}——预制件与其上部砌体（附加构件）的界面上压力为 0 时的初始抗剪强度标准值；[A1]

f_{vlt}——f_{vk}的限值；

f_{xd}——相应弯曲平面的抗弯强度设计值；

f_{xd1}——破坏面平行于水平灰缝时砌体的抗弯强度设计值；

$f_{xd1,app}$——破坏面平行于水平灰缝时砌体的表观抗弯强度设计值；

f_{xk1}——[AC]破坏面[AC]平行于水平灰缝时砌体的抗弯强度标准值；

f_{xd2}——[AC]破坏面[AC]垂直于水平灰缝时砌体的抗弯强度设计值；

$f_{xd2,app}$——破坏面垂直于水平灰缝时砌体的表观抗弯强度设计值；

f_{xk2}——破坏面垂直于水平灰缝时砌体的抗弯强度标准值；

f_{yd}——钢筋强度设计值；

f_{yk}——钢筋强度标准值；

F_d——墙体拉结件的抗压或抗拉承载力设计值；

[A1] F_{tkl}——组合过梁预制件抗拉承载力标准值，由生产厂按照 EN 845-2 进行标示；[A1]

g——砂浆条的总宽度；

G——砌体剪切模量；

h——砌体墙的净高；

h_i——第 i 个砌体墙的净高；

h_{ef}——墙体有效高度；

h_{tot}——从基础顶面算起的结构或墙体或芯柱的总高度；

h_c——墙体距荷载作用平面的高度；

I_j——第 j 个构件的截面惯性矩；

k——考虑边界约束时，竖墙的横向荷载承载力和实际墙体面积上的横向荷载承载力之比；

k_m——板刚度和墙体刚度之比；

k_r——约束的转动刚度；

K——砌体抗压强度计算时用到的常数；

l——墙长（相交墙之间的长度，墙体到洞口的长度，或者洞口到洞口间的墙体长度）；

l_b——钢筋直锚长度

l_c——墙体抗压段长度；

l_{cl}——洞口净长；

l_{ef}——砌体梁的有效跨度；

l_{efm}——墙高中部处有效支承长度；

l_r——横向约束间的净距；

l_a——抵抗拱推力的支座间墙段长度或者高度；

M_{ad}——附加力矩设计值；

M_d——芯柱底部的弯矩设计值；

M_i——第 i 个节点的端弯矩；

M_{id}——墙体顶部或底部的弯矩设计值；

M_{md}——墙高中部的最大力矩设计值；

M_{Rd}——抵抗力矩设计值；

M_{Ed}——施加力矩设计值；

M_{Edu}——楼盖上力矩设计值；

M_{Edf}——楼盖下力矩设计值；

n——建筑层数；

n_i——构件的刚度系数；

n_t——墙体每平方米拉结件或连接件数量；

n_{tmin}——墙体每平方米拉结件或连接件最少数量；

N——建筑上设计竖向作用的总和；

N_{ad}——单位墙长拱推力的最大设计值；

N_{id}——墙或柱的顶部或底部竖向荷载设计值；

N_{md}——墙高或柱高中部竖向荷载设计值；

N_{Rd}——砌体墙或柱竖向承载力设计值；

N_{Rdc}——墙体竖向集中荷载承载力设计值；

N_{Ed}——竖向荷载设计值；

N_{Edf}——楼盖外荷载设计值；

N_{Edu}——楼盖上荷载设计值；

[AC]已删除的正文[AC]

N_{Edc}——竖向集中荷载设计值；

$q_{lat,d}$——墙体单位面积横向强度设计值；

Q_d——建筑有芯柱时的总竖向荷载设计值；

r——拱高；

R_e——钢筋屈服[AC>强度<AC]；

s——抗剪钢筋间距；

[AC>已删除的正文<AC]

t——墙厚；

$t_{ch,v}$——无需计算的竖向槽或凹坑的最大深度；

$t_{ch,h}$——水平槽或斜槽的最大深度；

t_i——第 i 个墙体的厚度；

t_{min}——墙体的最小厚度；

t_{ef}——墙体的有效厚度；

t_f——翼墙的厚度；

t_{ri}——第 i 个肋墙的厚度；

V_{Ed}——剪切荷载设计值；

V_{Rd}——抗剪承载力设计值；

[A1> V_{Rdlt}——极限抗剪承载力设计值；<A1]

w_i——均布荷载 i 的设计值；

W_{Ed}——单位面积横向荷载设计值；

x——到中性轴的高度；

z——力臂；

Z——单位墙高或墙长的截面弹性模量。

希腊字母

α——抗剪钢筋与梁轴线的夹角；

α_t——砌体线膨胀系数；

$\alpha_{1,2}$——弯矩系数；

β——集中荷载提高系数；

χ——配筋墙体抗剪承载力的放大系数；

δ——确定砌块标准化平均抗压强度时使用的系数；

$\varepsilon_{c\infty}$——砌体的最终徐变应变；

ε_{el}——砌体的弹性应变；

ε_{mu}——砌体极限压缩应变；

ε_{sy}——钢筋的屈服应变；

ϕ——钢筋有效直径；

ϕ_{∞}——砌体最终徐变系数；

Φ——折减系数；

Φ_{fl}——折减系数，考虑抗弯强度影响；

Φ_{i}——墙体底部或顶部的折减系数；

Φ_{m}——墙高中部的折减系数；

γ_{M}——包括形状和模型不确定性的材料分项系数；

η——计算墙体上荷载的平面外偏心距时使用的系数；

λ_{x}——当使用矩形应力图时，梁受压区的高度；

λ_{c}——高厚比取值，不超过该值时可忽略徐变引起的偏心距；

μ——砌体抗弯强度的正交比；

ξ——考虑结构构件约束转动刚度的放大系数；

ρ_{d}——干密度；

ρ_{n}——折减系数；

ρ_{t}——刚度系数；

σ_{d}——压应力设计值；

ν——结构竖向倾斜角。

2 设计基础

2.1 基本要求

2.1.1 一般规定

(1)P 砌体结构设计应符合 EN 1990 中的一般规定。

(2)P 本章给出了砌体结构的具体规定,应遵照执行。

(3)应用下列规定时,可认为已满足 EN 1990 第 2 章关于砌体结构的基本要求:

—EN 1990 规定的极限状态设计与分项系数法结合使用;

—作用,见 EN 1991;

—作用组合规定,见 EN 1990;

—本标准给出的原则性规定与应用性规定的区别。

2.1.2 可靠度

(1)P 按照本标准(EN 1996-1-1)进行设计,可获得砌体结构所需的可靠度。

2.1.3 设计使用年限和耐久性

(1)关于耐久性的内容,宜参考第 4 章。

2.2 极限状态设计原则

(1)P 极限状态可能只涉及砌体,但也可能涉及结构部件使用的其他材料,应参考 EN 1992、EN 1993、EN 1994、EN 1995 和 EN 1999 的相关规定。

(2)P 砌体结构的承载能力极限状态和正常使用极限状态应考虑结构的各个方面,包括砌体中使用的辅助配件。

(3)P　砌体结构应考虑所有的相关设计状况，包括施工过程中的相关阶段。

2.3　基本变量

2.3.1　作用

(1)P　作用应按 EN 1991 的相关部分取值。

2.3.2　作用设计值

(1)P　作用分项系数[AC)应(AC]按 EN 1990 取值。

(2)砌体结构中混凝土构件的徐变、收缩分项系数宜按 EN 1992-1-1 取值。

(3)正常使用极限状态下承受的变形宜取预估值(平均值)。

2.3.3　材料和产品性能

(1)除非本标准中另有说明，设计中使用的材料和建筑产品性能和几何参数宜取相关欧标(ENs)、协调欧标(hENs)或欧洲技术认证组织(ETAs)的规定值。

2.4　采用分项系数法进行验算

2.4.1　材料性能设计值

(1)P　材料性能设计值采用其标准值除以材料的相关分项系数 γ_M 进行计算。

2.4.2　作用组合

(1)P　作用组合应符合 EN 1990 中的一般规定。

注 1：对于住宅和办公建筑，EN 1990 给出的荷载组合通常可以进行简化处理。

注 2：对于常规住宅和办公建筑，EN 1991-1 系列标准给出的外加荷载，可处理为一个固定变量作用(即视情况，所有跨取均布荷载或者取零)，EN 1991-1 系列标准给出了这样处理的折减系数。

2.4.3　承载能力极限状态

(1)P　材料分项系数 γ_M 的相关值应用于正常状况和偶然状况下的承载能力极限状态。当分析结构上的偶然作用时，应考虑偶然作用的发生概率。

注：各国使用的 γ_M值，可见其国家附件。下表按等级给出了建议值，各国可将这些等级与

施工控制(见附录A)联系起来。

材　料		γ_M				
		等级				
		1	2	3	4	5
	砌体材料:					
A	Ⅰ类砌块,特定性能砂浆[a]	1.5	1.7	2.0	2.2	2.5
B	Ⅰ类砌块,规定配合比砂浆[b]	1.7	2.0	2.2	2.5	2.7
C	Ⅱ类砌块,任一砂浆[a,b,e]	2.0	2.2	2.5	2.7	3.0
D	钢筋锚件	1.7	2.0	2.2	2.5	2.7
E	钢筋和预应力筋	1.15				
F	辅助配件[c,d]	1.7	2.0	2.2	2.5	2.7
G	符合EN 845-2的过梁	1.5~2.5				

[a] 特定性能砂浆的要求见EN 998-2和EN 1996-2。
[b] 规定配合比砂浆的要求见EN 998-2和EN 1996-2。
[c] 标示值为平均值。
[d] 假定砌体分项系数γ_M已考虑防潮层。
[e] 适用于Ⅱ类砌块变异系数不大于25%的情况

注释完。

2.4.4 正常使用极限状态

(1)当涉及正常使用极限状态的相关条款中给出简化规定时,不需要进行作用组合的详细计算。如果需要,用于正常使用极限状态的材料分项系数是γ_M。

注:各国使用的γ_M值,可见其国家附件,在正常使用极限状态下所有材料性能的分项系数γ_M的建议值是1.0。

2.5 通过试验辅助设计

(1)砌体的结构性能可通过试验确定。

注:EN 1990附录D(资料性)给出了通过试验辅助设计的建议。

3 材料

3.1 砌块

3.1.1 砌块的分类和分组

(1)P 砌块分类如下:

—黏土砖砌块,见 EN 771-1。

—硅酸钙砌块,见 EN 771-2。

—集料混凝土砌块(密实集料和轻集料),见 EN 771-3。

—蒸压加气混凝土砌块,见 EN 771-4。

—人造石砌块,见 EN 771-5。

—定尺天然石砌块,见[AC〉已删除的正文〈AC] EN 771-6。

(2)砌块可分为Ⅰ类和Ⅱ类。

注:Ⅰ类和Ⅱ类砌块的定义见 EN 771-1 ~ EN 771-6。

(3)砌块可分为第 1 组、第 2 组、第 3 组或者第 4 组,以便使用3.6.1.2(2)、(3)、(4)、(5)、(6)和 3.6.1.3 及其他条款中提到分组时给出的公式和其他数值。

注:通常生产厂商将标示砌块组别。

(4)蒸压加气混凝土砌块、人造石砌块、定尺天然石砌块,归为第 1 组。黏土砖砌块、硅酸钙砌块和集料混凝土类砌块,按几何要求分组,见表 3.1。

表 3.1 砌块按照几何要求进行分组

	砌块的材料和限值				
	第 1 组（所有材料）		第 2 组	第 3 组	第 4 组
		砌块	竖向孔洞		横向孔洞
孔洞率(全部孔洞体积和全体积之比)(%)	≤25	黏土	>25;≤55	≥25;≤70	>25;≤70
		硅酸钙	>25;≤55	不适用	不适用
		混凝土[b]	>25;≤60	>25;≤70	>25;≤50

表 3.1(续)

<table>
<tr><td rowspan="3"></td><td colspan="8">砌块的材料和限值</td></tr>
<tr><td rowspan="2">第 1 组
(所有材料)</td><td></td><td colspan="2">第 2 组</td><td colspan="2">第 3 组</td><td colspan="2">第 4 组</td></tr>
<tr><td>砌块</td><td colspan="4">竖向孔洞</td><td colspan="2">横向孔洞</td></tr>
<tr><td rowspan="3">任一单个孔洞率(任一单个孔洞体积和全体积之比)(%)</td><td rowspan="3">≤12.5</td><td>黏土砖</td><td colspan="2">多孔块材的单孔≤2,手抓孔合计最大 12.5</td><td colspan="2">多孔块材的单孔≤2,手抓孔合计最大 12.5</td><td colspan="2">多孔块材的单孔≤30</td></tr>
<tr><td>硅酸钙</td><td colspan="2">多孔块材的单孔≤15,手抓孔合计最大 30</td><td colspan="2">不适用</td><td colspan="2">不适用</td></tr>
<tr><td>混凝土[b]</td><td colspan="2">多孔块材的单孔 ≤ 30,手抓孔合计最大 30</td><td colspan="2">多孔块材的单孔 ≤ 30,手抓孔合计最大 30</td><td colspan="2">多孔块材的单孔≤25</td></tr>
<tr><td rowspan="4">砌块肋和外壁厚度的标示值(mm)</td><td rowspan="4">无要求</td><td></td><td>肋</td><td>外壁</td><td>肋</td><td>外壁</td><td>肋</td><td>外壁</td></tr>
<tr><td>黏土砖</td><td>≥5</td><td>≥8</td><td>≥3</td><td>≥6</td><td>≥5</td><td>≥6</td></tr>
<tr><td>硅酸钙</td><td>≥5</td><td>≥10</td><td colspan="2">不适用</td><td colspan="2">不适用</td></tr>
<tr><td>混凝土[b]</td><td>≥15</td><td>≥18</td><td>≥15</td><td>≥15</td><td>≥20</td><td>≥20</td></tr>
<tr><td rowspan="3">砌块肋和外壁组合厚度[a]的标示值(占全宽的百分比)(%)</td><td rowspan="3">无要求</td><td>黏土砖</td><td colspan="2">≥16</td><td colspan="2">≥12</td><td colspan="2">≥12</td></tr>
<tr><td>硅酸钙</td><td colspan="2">≥20</td><td colspan="2">不适用</td><td colspan="2">不适用</td></tr>
<tr><td>混凝土[b]</td><td colspan="2">≥18</td><td colspan="2">≥15</td><td colspan="2">≥45</td></tr>
<tr><td colspan="9">[a] 组合厚度是肋和外壁的厚度,在相关方向上水平测得。检查可视为合格试验,当砌块设计尺寸有主要变化时,仅需重复检查。
[b] 当砌块孔为锥形孔或蜂窝时,使用肋和外壁厚度的平均值。</td></tr>
</table>

3.1.2 砌块性能——抗压强度

(1)P 在设计中使用的砌块抗压强度,应是标准化平均抗压强度 f_b。

注:在 EN 771 系列标准中,标准平均抗压强度为以下任一值:

—生产厂商的标示值;

—应用 EN 772-1 附录 A 得到的抗压强度转化值(砌块的抗压强度转化为标准化平均抗压强度)。

(2)当生产厂商标示的砌块标准化抗压强度作为标准值时,宜采用基于砌块 [AC⟩抗压强度⟨AC] 变异系数的因子,转换成等效均值。

3.2 砂浆

3.2.1 砌筑砂浆的分类

(1)砌筑砂浆按构成分为一般用途砌筑砂浆、薄层砌筑砂浆或轻质砌筑砂浆。

(2)砌筑砂浆按照其组分定义方法分为特定性能砂浆和规定配合比砂浆。

(3)砌筑砂浆根据生产方式,可以分为厂制砂浆(预配制或预拌和)、厂制半成品砂浆或者现场拌和砂浆。

(4)P 厂制砂浆或厂制半成品砌筑砂浆应符合 EN 998-2 的规定,现场拌和砂浆应符合 EN 1996-2 的规定,预拌石灰和砂的砌筑砂浆应符合 EN 998-2 的规定,且使用时应符合 EN 998-2 的规定。

3.2.2 砌筑砂浆的技术要求

(1)砂浆宜通过抗压强度进行分类,用字母 M 加抗压强度值表示,单位为N/mm^2,例如,M5。规定配合比砂浆,除 M 加数值外,还应描述其规定组分,例如,水泥:石灰:砂子的体积比为 1:1:5。

注:各国的国家附件可确定合格的等效砂浆混合物,通过构成比例说明,规定 M 值。合格的等效砂浆混合物宜在国家附件中给出。

(2)一般用途砌筑砂浆可以是符合 EN 998-2 的特定性能砂浆,也可以是符合 EN 998-2 的规定配合比砂浆。

(3)薄层砌筑砂浆和轻质砌筑砂浆宜是符合 EN 998-2 的特定性能砂浆。

3.2.3 砂浆性能

3.2.3.1 砌筑砂浆的抗压强度

(1)P 砌筑砂浆的抗压强度 f_m 应按照 EN 1015-11 确定。

[AC⟩已删除的正文⟨AC]

3.2.3.2 砌块和砂浆的粘附力

(1)P 砌块和砂浆的粘附力应充分满足使用要求。

注 1:足够的粘附力取决于所用砂浆类型和砌块的种类。

注 2:EN 1052-3 涉及砌体初始抗剪强度的确定。[AC⟩已删除的正文⟨AC]

EN 1052-5 [AC〉已删除的正文〈AC] 涉及抗弯粘结强度的确定。

3.3 灌孔混凝土

3.3.1 一般规定

(1)P 灌孔混凝土应符合 EN 206 的规定。

(2)通过抗压强度标准值f_{ck}(即混凝土强度等级)规定灌孔混凝土,抗压强度标准值与28d 圆柱体试块或者立方体试块强度有关,符合 EN 206 的规定。

3.3.2 灌孔混凝土的技术要求

(1)灌孔混凝土的强度等级,如 EN 206-1 中的定义,不宜低于 C12/15。

(2)特定性能混凝土或者规定配合比混凝土宜含足够的水,以提供规定的强度和足够的工作性。

(3)P 当混凝土浇筑符合 EN 1996-2 的规定时,灌孔混凝土的工作性应满足空隙全部被填满的要求。

(4)坍落度等级 S3-S5 或流动性等级 F4-F6 符合 EN 206-1 的规定时,将满足大多数需要。孔洞的最小尺寸小于 85mm 时,宜采用[AC〉坍落度等级 S5 或流动性等级 F6〈AC]的混凝土。当使用大坍落度混凝土时,需要采取措施减少混凝土的较大干缩。

(5)灌孔混凝土的最大集料粒径不宜超过 20mm,当空隙最小尺寸小于 100mm 时,或当钢筋的保护层厚度小于 25mm 时,最大集料粒径不宜超过 10mm。

3.3.3 灌孔混凝土的性能

(1)P 灌孔混凝土的抗压和抗剪强度标准值,应通过对混凝土试样进行试验确定。

注:试验结果可从项目实施的试验中得到或者从数据库得到。

(2)在没有试验数据的情况下,灌孔混凝土的抗压强度标准值f_{ck}及抗剪强度标准值f_{cvk},可按表 3.2 取值。

表 3.2 灌孔混凝土的强度标准值

混凝土的强度等级	C12/15	C16/20	C20/25	C25/30 或者更高
f_{ck}(N/mm^2)	12	16	20	25
f_{cvk}(N/mm^2)	0.27	0.33	0.39	0.45

3.4 钢筋

3.4.1 一般规定

(1)P 应依据AC) EN 10080 (AC规定碳素钢钢筋。应分别规定不锈钢和特殊涂层钢筋。

(2)P 钢筋性能需满足硬化后砌体和灌孔混凝土中材料的要求。应避免现场或者生产过程中进行的操作,因其可能会破坏材料的性能。

注: AC)已删除的正文(AC屈服AC)强度(AC R_e见 EN 10080,包括基于产品长期质量的标准值、最小值和最大值。而屈服强度标准值f_{yk}仅仅是基于结构所需钢筋。R_e和f_{yk}之间没有直接关系。但是AC)已删除的正文(AC EN 10080 给出的屈服强度的评估和验算方法,可以有效检查所得f_{yk}。

(3)钢筋可以是碳素钢或者是奥氏不锈钢,钢筋可以是光圆钢筋或者带肋钢筋(高粘结力),且是可焊接的。

(4)钢筋性能的详细信息见 EN 1992-1-1。

3.4.2 钢筋性能

(1)P 钢筋的强度标准值f_{yk}应符合 EN 1992-1-1 附录 C 的规定。

(2)热膨胀系数可假定为 $12\times10^{-6}\ K^{-1}$。

注: 一般情况下,热膨胀系数和周围砌体或者混凝土的热膨胀系数值之间的差异可以忽略。

3.4.3 水平灰缝AC)已删除的正文(AC钢筋的性能

(1)P A1)已删除的正文(A1水平灰缝钢筋应符合 EN 845-3 的规定。

3.5 预应力钢筋

(1)P 预应力钢筋应符合 EN 10138 的规定或者经相应的欧洲技术认证。

(2)预应力钢筋的性能宜从 EN 1992-1-1 获得。

3.6 砌体的力学性能

3.6.1 砌体的抗压强度标准值

3.6.1.1 一般规定

(1)P 砌体抗压强度标准值f_k应通过砌体试件的试验结果确定。

注:试验结果可从项目实施的试验中得到或者从数据库得到。

3.6.1.2 砌体(除外壁浆砌砌体)的抗压强度标准值

(1)砌体抗压强度标准值宜通过以下任一方法确定:

(i)符合 EN 1052-1 的试验结果,可通过项目实施的试验中得到或者从先前的试验(如数据库)中得到。试验结果宜以表格形式表示,或者按式(3.1)计算。

$$f_k = Kf_b^{\alpha}f_m^{\beta} \tag{3.1}$$

式中:f_k——砌体抗压强度标准值(N/mm^2);

K——[AC〉常数,若相关,根据 3.6.1.2(3)和/或 3.6.1.2(6)进行修正〈AC];

α、β——常数;

f_b——砌块的标准化平均抗压强度,方向是施加作用效应的方向(N/mm^2);

f_m——砂浆的抗压强度(N/mm^2)。

宜依据f_b、f_m、试验结果的变异系数和砌块分组给出公式(3.1)使用时的限值。

(ii)按下述(2)和(3)确定。

注:各国选用 i 法还是 ii 法,可见其国家附件。如果选用 i 法,列表值、公式(3.1)拟用的常数限值,最好参考表 3.1 中的分组,宜在国家附件中给出。

(2)砌体抗压强度标准值f_k、砌块标准化平均抗压强度f_b、砂浆强度值f_m的关系,可按下述确定:

—公式(3.2),用于一般用途砌筑砂浆和轻质砌筑砂浆砌筑的砌体;

—公式(3.3),用于水平灰缝厚度 0.5~3mm 的薄层砂浆,与第 1 组和第 4 组的黏土砖砌块、硅酸钙砌块、集料混凝土砌块和蒸压加气[AC〉混凝土〈AC]砌块砌筑的砌体。

—公式(3.4),用于水平灰缝厚度 0.5~3mm 的薄层砂浆,与第 2 组和第 3 组的黏土砖砌块砌筑的[AC〉已删除的正文〈AC]砌体。

注:EN 998-2 没有给出薄层砂浆砌筑灰缝厚度的限制,水平灰缝厚度限制为[AC〉0.5〈AC]~3mm,是为了保证薄层砂浆有假定的增强性能,以使公式(3.3)和公式(3.4)有效。砂浆强度f_m不

需要与公式(3.3)和公式(3.4)一起使用。

$$\text{AC} \rangle f_k = Kf_b^{0.7} f_m^{0.3} \langle \text{AC} \tag{3.2}$$

$$f_k = Kf_b^{0.85} \tag{3.3}$$

$$f_k = Kf_b^{0.7} \tag{3.4}$$

式中:K——常数,见表3.3,若相关,根据3.6.1.2(3)和/或3.6.1.2(6)进行修正。

前提是满足下列要求:

—砌体符合本标准(EN 1996-1-1)第8章的要求;

—所有灰缝满足8.1.5(1)和(3)的要求,便视为有良好的砂浆饱满度;

—当砌块铺设在一般用途砌筑砂浆上时,f_b 取值不大于75N/mm²;

—当砌块铺设在薄层砌筑砂浆上时,f_b 取值不大于50N/mm²;

—当砌块铺设在一般用途砌筑砂浆上时,f_m取值不大于20N/mm²,也不大于2 f_b;

—当砌块铺设在轻质砌筑砂浆上时,f_m取值不大于10 N/mm²;

—砌体的厚度等于砌块的宽度或者长度,不会出现平行于整体或局部墙面的灰缝;

—砌块强度的变异系数不大于25%。

(3)当作用效应平行于水平灰缝时,抗压强度标准值也可使用砌块标准化平均抗压强度f_b通过公式(3.2)、公式(3.3)或公式(3.4)确定,f_b从试验中得到,试验时,试样上施加荷载的方向同砌体作用效应的方向一致,但是系数δ,见EN 772-1,不大于1。对于第2组和第3组砌块,K宜乘以0.5。

(4)对于采用第2组、第3组集料混凝土砌块和一般用途砌筑砂浆砌筑且竖向空腔全部采用混凝土填充的砌体f_b的值,宜通过将砌体视为第1组砌块得到,其抗压强度宜与砌块抗压强度或灌孔混凝土的抗压强度相对应,取两者中的较小值。

(5)当竖向灰缝未填充时,可以使用公式(3.2)、公式(3.3)或者公式(3.4),需考虑可能施加的所有水平作用影响,或者通过砌体传递的水平作用的影响,见3.6.2(4)。

(6)采用一般用途砌筑砂浆砌筑的砌体,有平行于整体或者局部墙面的灰缝时,表3.3的K值需乘以0.8。

表3.3 使用一般用途砌筑砂浆、薄层砌筑砂浆和轻质砌筑砂浆时的K值

砌体砌块		一般用途砌筑砂浆	薄层砌筑砂浆(水平灰缝≥0.5mm且≤3mm)	不同密度时的轻质砌筑砂浆	
				$600 \leq \rho_d \leq 800$ (kg/m³)	$800 < \rho_d \leq 1\,300$ (kg/m³)
黏土砖砌块	第1组	0.55	0.75	0.30	0.40
	第2组	0.45	0.70	0.25	0.30
	第3组	0.35	0.50	0.20	0.25
	第4组	0.35	0.35	0.20	0.25

表 3.3(续)

砌体砌块		一般用途砌筑砂浆	薄层砌筑砂浆(水平灰缝≥0.5mm且≤3mm)	不同密度时的轻质砌筑砂浆	
				$600 \leq \rho_d \leq 800$ (kg/m³)	$800 < \rho_d \leq 1\ 300$ (kg/m³)
硅酸钙砌块	第1组	0.55	0.80	‡	‡
	第2组	0.45	0.65	‡	‡
集料混凝土砌块	第1组	0.55	0.80	0.45	0.45
	第2组	0.45	0.65	0.45	0.45
	第3组	0.40	0.50	‡	‡
	第4组	0.35	‡	‡	‡
蒸压加气混凝土砌块	第1组	0.55	0.80	0.45	0.45
人造石砌块	第1组	0.45	0.75	‡	‡
定尺天然石砌块	第1组	0.45	‡	‡	‡
‡符号表示此砂浆和此砌块通常不搭配,所以没有值。					

3.6.1.3 外壁浆砌砌体的抗压强度标准值

(1) [AC) 外壁浆砌砌体抗压强度标准值也可从3.6.1.2得到,仍采用正常铺砌的砌块的标准化平均抗压强度 f_b 计算(因此,不需要按照EN 772-1规定的砌块试验方法得到),前提是:(AC]

—每条砂浆条的宽度大于或等于30mm;

—砌体的厚度等于砌块的宽度或长度,因此没有贯通整体或者局部墙体的纵向灰缝;

—g/t 不小于0.4;

—当 $g/t=1.0$ 时,按照3.6.1.2取 K 值;当 $g/t=0.4$ 时,K 取这些值的一半,通过线形插值得到中间值。

式中:g——砂浆条的总宽度;

t——墙厚。

(2)外壁浆砌砌体的抗压强度标准值 [AC) 已删除的正文 (AC] 可从3.6.1.2得到,前提是用于公式中的砌块标准化平均抗压强度 f_b 从符合EN 772-1规定的外壁浆砌砌块的试验中得到。

3.6.2 砌体的抗剪强度标准值

(1)P 砌体的抗剪强度标准值 f_{vk} 应通过砌体的试验结果确定。

注:试验结果可从项目实施的试验中得到或者从数据库得到。

(2)砌体的初始抗剪强度标准值f_{vk0}宜依据 EN 1052-3 或 EN 1052-4 中的试验确定。

(3)采用符合3.2.2(2)的一般用途砌筑砂浆,或符合3.2.2(3)且层间厚度为0.5~3mm的薄层砌筑砂浆,或符合3.2.2(4)的轻质砌筑砂浆,同时所有缝被填满且满足8.1.5要求的砌体,其抗剪强度标准值f_{vk}可按公式(3.5)计算。

$$f_{vk} = f_{vk0} + 0.4\sigma_d \tag{3.5}$$

但f_{vk}不大于0.065f_b或者f_{vlt}。

式中:f_{vk0}——压应力等于0时,砌体的初始抗剪强度标准值;

f_{vlt}——f_{vk}的限值;

σ_d——垂直于所考虑构件剪力平面的压应力设计值,基于提供抗剪承载力的墙体受压部分上的平均竖向应力,采用合适的荷载组合;

f_b——砌块标准化抗压强度,见3.1.2.1,试验时试样上施加荷载的方向垂直于砌筑面。

注:由各国自行决定是采用0.065 f_b 还是f_{vlt},其中f_{vlt}值或f_{vlt}的导出值与砌块的抗拉强度和/或砌体砌块错缝长度有关,如果采用,可见其国家附件。

(4)当采用符合3.2.2(2)的一般用途砌筑砂浆、符合3.2.2(3)且厚度为0.5~3mm的薄层砌筑砂浆或者符合3.2.2(4)的轻质砌筑砂浆,且竖向灰缝未填充但砌块的相邻面紧密拼合时,砌体的抗剪强度标准值可用公式(3.6)计算。

$$f_{vk} = 0.5f_{vk0} + 0.4\sigma_d \tag{3.6}$$

但f_{vk}不大于0.045 f_b或者f_{vlt}。

式中,f_{vk0}、f_{vlt}、σ_d 和f_b 的定义同上述(3)。

注:由各国自行决定是采用[AC⟩ 0.045 ⟨AC] f_b 还是f_{vlt},其中f_{vlt}值或f_{vlt}的导出值与砌块的抗拉强度和/或砌体砌块错缝长度有关,如果采用,可见其国家附件。

(5)对于外壁浆砌砌体,使砌块砌筑在2条或多条相等宽度的一般用途砌筑砂浆条上,且每条砂浆条宽度至少为30mm,则f_{vk}可按公式(3.7)计算。

$$f_{vk} = \frac{g}{t}f_{vk0} + 0.4\sigma_d \tag{3.7}$$

但f_{vk}不大于上述(4)的规定。

式中:f_{vk},σ_d 和f_b 的定义同上述(3);

g——砂浆条的总宽度;

t——墙厚。

(6)砌体的初始抗剪强度[A1⟩标准值⟨A1] f_{vk0} 可由以下任一方法确定:

—根据砌体的初始抗剪强度进行试验结果数据库的评估;

—按照表3.4取值,前提是一般用途砌筑砂浆符合EN 1996-2的规定,且不含添加剂或外加剂。

注:由各国自行决定采用上述两种方法中的哪一种,具体可见其国家附件。当各国决定选用数据库中的 f_{vk0} 值时,f_{vk0} 值可见其国家附件。

表3.4 砌体[AC⟩初始⟨AC]抗剪强度 f_{vk0} 的值

砌体砌块	F_{vk0}(N/mm²)(译者注:原文可能有误,应为 f_{vk0})			
	给定强度等级的一般用途砌筑砂浆		薄层砌筑砂浆(0.5mm≤水平灰缝的厚度≤3mm)	轻质砌筑砂浆
黏土砖砌块	M10~M20	0.30	0.30	0.15
	M2.5~M9	0.20		
	M1~M2	0.10		
硅酸钙砌块	M10~M20	0.20	0.40	0.15
	M2.5~M9	0.15		
	M1~M2	0.10		
集料混凝土砌块	M10~M20	0.20	0.30	0.15
蒸压加气混凝土砌块	M2.5~M9	0.15		
人造石砌块和定尺天然石砌块	M1~M2	0.10		

(7)两砌体墙交接处的竖向抗剪承载力,可通过特定工程项目的试验或者从试验数据的估算中得到。如缺少这样的数据,竖向抗剪承载力标准值,可基于压应力为0时的抗剪强度 f_{vk0} 取值,见3.6.2(2)和(6),前提是墙体之间的连接符合8.5.2.1的规定。

[A1⟩

3.6.3 砌体和预制过梁界面的抗剪强度标准值

(1)砌体和组合梁预制部分界面的初始抗剪强度标准值 f_{vk0i},由生产厂商标示。⟨A1]

3.6.4 砌体的抗弯强度标准值

(1)与平面外弯曲相关,宜考虑下列状况:破坏面平行于水平灰缝时砌体的抗弯强度标准值 f_{xk1},破坏面垂直于水平灰缝时砌体的抗弯强度标准值 f_{xk2}(图3.1)。

(2)P 砌体的抗弯强度标准值 f_{xk1} 和 f_{xk2},应通过砌体试验结果确定。

注:试验结果可从项目实施的试验中得到或者从数据库得到。

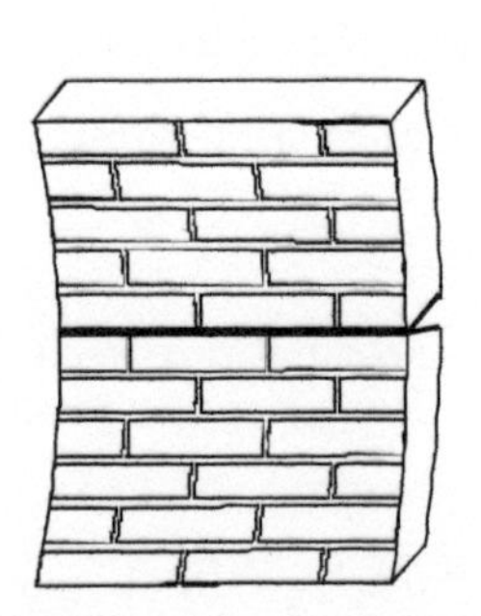

a)破坏面平行于水平灰缝时砌体的抗弯强度标准值f_{xk1}

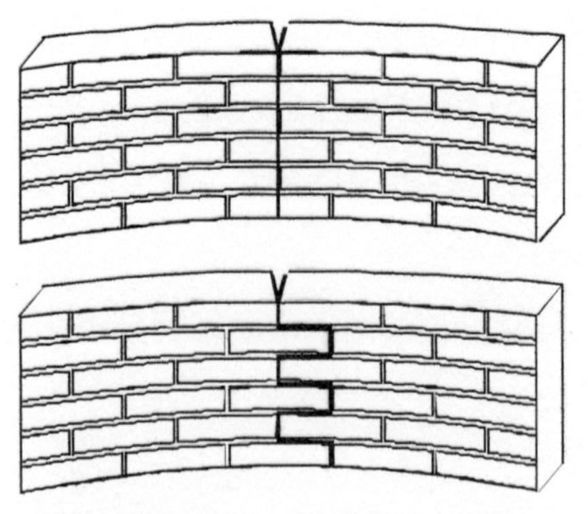

b)破坏面垂直于水平灰缝时砌体的抗弯强度标准值f_{xk2}

图 3.1 砌体受弯时的破坏面

(3)砌体的抗弯强度标准值,可通过符合 EN 1052-2 的试验确定,或者根据砌块和砂浆的合适组合得到砌体抗弯强度,基于此抗弯强度的试验数据估算来确定。

注 1:各国采用的f_{xk1}和f_{xk2}值可见其国家附件。

注 2:缺少试验数据时,一般用途砌筑砂浆、薄层砌筑砂浆或轻质砌筑砂浆砌筑砌体的抗弯强度标准值可从本注释的附表中取值,前提是薄层砌筑砂浆和轻质砌筑砂浆等级不低于 M5。

注 3:对于蒸压加气混凝土砌块铺筑在薄层砂浆上的砌体,f_{xk1}和f_{xk2}可从本注释的附表中取值,或者采用下列公式计算:

当竖向灰缝填充和未填充时 $f_{xk1}=0.035f_b$

当竖向灰缝填充时 $f_{xk2}=0.035f_b$;当竖向灰缝未填充时 $f_{xk2}=0.025f_b$。

破坏面平行于水平灰缝时砌体的抗弯强度标准值f_{xk1}

砌体砌块	f_{xk1}(N/mm^2)			
	一般用途砌筑砂浆		薄层砌筑砂浆	轻质砌筑砂浆
	$f_m<5N/mm^2$	$f_m\geqslant5N/mm^2$		
黏土砖砌块	0.10	0.10	0.15	0.10
硅酸钙砌块	0.05	0.10	0.20	不适用
集料混凝土砌块	0.05	0.10	0.20	不适用
蒸压加气混凝土砌块	0.05	0.10	0.15	0.10
人造石砌块	0.05	0.10	不适用	不适用
定尺天然石砌块	0.05	0.10	0.15	不适用

破坏面垂直于水平灰缝时砌体的抗弯强度标准值f_{xk2}

砌体砌块		f_{xk2}(N/mm^2)			
		一般用途砌筑砂浆		薄层砌筑砂浆	轻质砌筑砂浆
		$f_m<5N/mm^2$	$f_m\geqslant5N/mm^2$		
黏土砖砌块		0.20	0.40	0.15	0.10
硅酸钙砌块		0.20	0.40	0.30	不适用
集料混凝土砌块		0.20	0.40	0.30	不适用
蒸压加气混凝土砌块	$\rho<400kg/m^3$	0.20	0.20	0.20	0.15
	$\rho\geqslant400kg/m^3$	0.20	0.40	0.30	0.15

（续）

砌体砌块	f_{xk2}(N/mm²)			
	一般用途砌筑砂浆		薄层砌筑砂浆	轻质砌筑砂浆
	$f_m < 5N/mm^2$	$f_m \geqslant 5N/mm^2$		
人造石砌块	0.20	0.40	不适用	不适用
定尺天然石砌块	0.20	0.40	0.15	不适用

注 4:f_{xk2}的值不宜大于砌块的抗弯强度。

注释完。

3.6.5 钢筋的锚固强度标准值

(1)P 钢筋植入砂浆或混凝土中的锚固强度标准值应从试验结果中得到。

注:试验结果可从项目实施的试验中得到或者从数据库得到。

(2)钢筋的锚固强度标准值可通过试验数据的估算确定。

(3)当没有试验数据时,钢筋植入截面尺寸大于或等于150mm的混凝土中,或者钢筋周围的灌孔混凝土受砌块约束时,需认为钢筋受约束,此时,其锚固强度标准值f_{bok}见表3.5。

表 3.5 受约束灌孔混凝土中钢筋的锚固强度标准值

混凝土强度等级	C12/15	C16/20	C20/25	C25/30 或者更高
光圆碳素钢钢筋的f_{bok}(N/mm²)	1.3	1.5	1.6	1.8
高粘结力的碳素钢钢筋和不锈钢钢筋的f_{bok}(N/mm²)	2.4	3.0	3.4	4.1

(4)钢筋植入砂浆中,或者截面尺寸小于150mm的混凝土中,或者钢筋周围的灌孔混凝土不受砌块约束时,可认为钢筋不受约束,其锚固强度标准值f_{bok}见表3.6。

表 3.6 钢筋植入砂浆或者混凝土中且不受砌块约束时的锚固强度标准值

强度等级	砂浆	AC〉M2 ~ M4〈AC	M5 ~ M9	M10 ~ M14	M15 ~ M19	M20
	混凝土	不适用	C12/15	C16/20	C20/25	C25/30 或者更高
光圆碳素钢钢筋的f_{bok}(N/mm²)		—	0.7	1.2	1.4	1.4
高粘结力的碳素钢钢筋和不锈钢钢筋的f_{bok}(N/mm²)		—	1.0	1.5	2.0	3.4

注:砂浆强度低于M5时,没有可用的可靠数据。

(5)对于预制水平灰缝钢筋,锚固强度标准值宜通过符合 EN 846-2 规定的试验确定,或者宜只采用纵向钢丝的粘结强度。

3.7 砌体的变形性能

3.7.1 应力-应变关系

(1)受压时砌体的应力-应变关系是非线性的,但是为了砌体截面设计[见 6.6.1(1)P],可把应力-应变曲线看作是直线、抛物线、抛物线矩形(见图 3.2)或矩形。

注:图 3.2 是近似的,可能不适用于所有砌块类型。

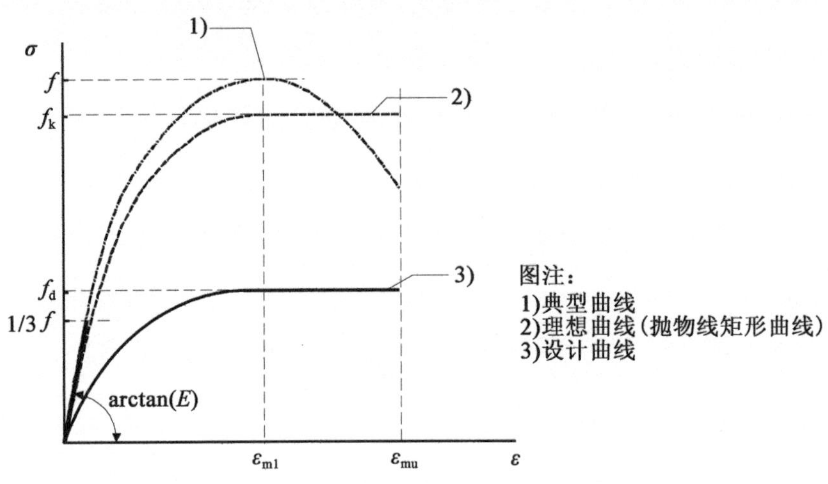

图 3.2 受压时砌体的应力-应变关系

3.7.2 弹性模量

(1)P 短期割线弹性模量 E 应通过符合 EN 1052-1 规定的试验确定。

注:试验结果可从项目实施的试验中得到或者从数据库得到。

(2)当缺少依据 EN 1052-1 通过试验确定的值时,用于结构分析的短期割线弹性模量 E,可取值为 $K_E f_k$。

注:各国使用的 K_E 值可见其国家附件。K_E 的建议值是 1 000。

(3)长期模量宜基于短期割线弹性模量值,并考虑徐变效应的折减(见 3.7.4),于是有:

$$E_{\text{long term}} = \frac{E}{1 + \varphi_\infty} \tag{3.8}$$

式中:φ_∞——最终徐变系数。

3.7.3 剪切模量

(1)剪切模量 G 可按照弹性模量 E 的40%取值。

3.7.4 徐变、湿胀干缩和热膨胀

(1)P 徐变、湿胀干缩和热膨胀的系数应通过试验确定。

注1:试验结果可从项目实施的试验中得到或者从数据库得到。

注2:目前还没有欧洲试验方法,用以确定砌体的徐变和湿胀。

(2)最终徐变系数 φ_{∞}、长期湿胀干缩系数或者热膨胀系数 α_t,宜从试验数据的估算中得到。

注:砌体变形性能值的范围,见下表。各国采用的值可见其国家附件。

砌体徐变、湿胀干缩和热性能系数的范围

砌体砌块		最终徐变系数[a] φ_{∞}	长期湿胀干缩值[b] (mm/m)	热膨胀系数 α_t (10^{-6}/K)
黏土砖砌块		0.5~1.5	-0.2~+1.0	4~8
硅酸钙砌块		1.0~2.0	-0.4~-0.1	7~11
密实集料混凝土砌块和人造石砌块		1.0~2.0	-0.6~-0.1	6~12
轻集料混凝土砌块		1.0~3.0	-1.0~-0.2	6~12
蒸压加气混凝土砌块		0.5~1.5	-0.4~+0.2	7~9
天然石砌块	岩浆岩	c	-0.4~+0.7	5~9
	沉积岩			2~7
	变质岩			1~18

[a]最终徐变系数 $\varphi_{\infty}=\varepsilon_{c\infty}/\varepsilon_{el}$,式中,$\varepsilon_{c\infty}$ 为最终徐变应变,$\varepsilon_{el}=\sigma/E$。
[b]湿胀干缩长期值,负数表明收缩,正数表明膨胀。
[c]这些值通常都很小

注释完。

3.8 辅助配件

3.8.1 防潮层

(1)P 防潮层应防止水通过(毛细作用)。

3.8.2 墙体拉结件

(1)P 墙体拉结件应符合 EN 845-1 的规定。

3.8.3 拉结带、挂钩和支架

(1)P 拉结带、挂钩和支架应符合 EN 845-1 的规定。

3.8.4 预制过梁

(1)P 预制过梁应符合 EN 845-2 的规定。

3.8.5 预应力装置

(1)P 锚具、连接器、穿线管和护套应满足 EN 1992-1-1 的要求。

4 耐久性

4.1 一般规定

(1)P 砌体设计时应考虑相关环境条件,以达到预期使用所需的耐久性。

4.2 环境条件分级

(1)环境条件分级宜符合 EN 1996-2 的规定。

4.3 砌体的耐久性

4.3.1 砌块

(1)P 砌块在建筑使用年限内应有足够的耐久性以抵抗其所暴露的环境条件。

注:EN 1996-2 给出了设计和施工指导,以提供足够的耐久性。

4.3.2 砂浆

(1)P 砌体中的砂浆在建筑使用年限内应有足够的耐久性以抵抗相关微观暴露环境条件,且不应含有对砂浆或者与其相邻材料的性能或耐久性有有害影响的组分。

注:EN 1996-2 和本标准第 8 章给出了设计和施工指导,以确保灰缝有足够的耐久性。

4.3.3 钢筋

(1)P 钢筋应通过防腐或充分的保护措施,使其具有足够的耐久性,以便当按照第 8 章的应用性规定设置时,钢筋在建筑使用年限内应能抵抗当地的暴露环境条件。

(2)当碳素钢需要保护层以具有足够的耐久性时，宜根据[AC⟩ prEN 10348 ⟨AC]的要求镀锌，镀锌膜不应低于耐久性的要求[见下述(3)]，或者钢筋采用同等的保护，例如环氧树脂粉熔涂。

(3)宜根据使用位置的相应暴露等级选用钢筋类型、钢筋的最低保护水平。

注：各国推荐的钢筋耐久性，可见其国家附件。本标准推荐见下表。

[AC⟩钢筋耐久性选择⟨AC]

环境暴露等级[a]	钢筋的最低保护水平	
	植入砂浆中	植入混凝土中，且保护层小于(4)的要求
MX1	不设保护的碳素钢[b]	不设保护的碳素钢
MX2	厚镀锌保护的或同等保护的碳素钢[c]	不设保护或其空隙用砂浆填充的碳素钢；厚镀锌保护或同等保护的碳素钢[c]
	不设保护的碳素钢，当砌体暴露面有抹灰时[d]	
MX3	奥氏不锈钢 AISI 316 或 AISI 304	厚镀锌保护的或同等保护的碳素钢[c]
	不设保护的碳素钢，当砌体暴露面有抹灰时[d]	
MX4	奥氏不锈钢 AISI 316，厚镀锌保护的或同等保护的碳素钢[b]，当砌体暴露面有抹灰时[d]	奥氏不锈钢 AISI 316
MX5	奥氏不锈钢 AISI 316 或 AISI 304[e]	奥氏不锈钢 AISI 316 或 AISI 304[e]

[a] 见 EN1996-2。
[b] 夹心外墙的内叶，容易受潮，宜使用加厚镀锌或与下述 c 同等保护的碳素钢。
[c] 碳素钢宜镀锌，镀锌膜的最小质量为 $900g/m^2$，或者最小质量为 $60g/m^2$ 加上最少 80μm 厚的黏结环氧树脂层，平均厚度 100μm，见 3.4。
[d] 砂浆宜是一般用途砌筑砂浆或者薄层砌筑砂浆，不小于 M4，距墙面保护层厚度见图 8.2，应增加到 30mm，砌体宜抹灰，抹灰砂浆符合 EN 998-1 的规定。
[e] 奥氏不锈钢可能不适用于所有侵蚀性环境，宜基于工程实际加以考虑。

注释完。

(4)使用不设保护的碳素钢时，宜通过厚度为 c_{nom} 的混凝土保护层保护。

注：各国使用的保护层厚度 c_{nom}，见其国家附件。本标准建议值见下表。

[AC⟩碳素钢钢筋最小混凝土保护层厚度 c_{nom} 的建议值⟨AC]

环境暴露等级	最小水泥用量[a](kg/m^3)				
	275	300	325	350	400
	最大水灰比				
	0.65	0.60	0.55	0.50	0.45
	最小混凝土保护层厚度(mm)				
MX1[b]	20	20	20[c]	20[c]	20[c]
MX2	—	35	30	25	20
MX3	—	—	40	30	25
MX4 和 MX5	—	—	—	60[d]	50

（续）

环境暴露等级	最小水泥用量[a]（kg/m^3）				
	275	300	325	350	400
	最大水灰比				
	0.65	0.60	0.55	0.50	0.45
	最小混凝土保护层厚度（mm）				

[a]所有混合料都是基于公称最大粒径为 20mm 的普通集料。使用其他粒径的集料时，宜调整水泥用量，使用公称最大粒径为 14mm 的集料时，水泥用量增加 20%，使用公称最大粒径为 10mm 的集料时，水泥用量增加 40%。

[b]或者，当钢筋最小保护层厚度为 15mm 时，可使用 $1:\left(0\sim\frac{1}{4}\right):3:2$（体积比，水泥:石灰:砂子:公称最大粒径为 10mm 的集料）混合料以满足暴露状况等级 MX1。

[c] 这些保护层厚度可以减少到最小 15mm，前提是集料的最大公称粒径不超过 10mm。

[d]灌孔混凝土潮湿，可能受冰冻影响时，宜使用抗冻混凝土。

注释完。

（5）当钢筋用镀锌做保护时，钢筋应在加工成型后进行镀锌。

（6）对于预制水平灰缝钢筋，EN 845-3 列出了保护系统，保护系统由生产厂商标示。

4.3.4 预应力钢筋

（1）P 当按照第 8 章应用性规定设置时，预应力钢筋应具有足够的耐久性，以在建筑设计使用年限内抵抗相关的微观暴露条件。

（2）当预应力钢筋镀锌时，镀锌过程不能对钢筋材质成分有不利影响。

4.3.5 预应力装置

（1）P 锚具、连接器、穿线管及护套应满足其使用环境条件下的耐腐蚀性。

4.3.6 辅助配件和支承角钢

（1）辅助配件的耐久性要求见 EN 1996-2（辅助配件包括防潮层、墙体拉结件、拉结带、挂钩、支架和支承角钢）。

4.4 地下砌体

（1）P 地下砌体不应受到地下环境的不利影响，应采取有效保护措施。

（2）当与地基接触时，宜采取措施保护砌体可能由于水分的影响而破坏。

（3）当土体中可能含有对砌体有害的化学物质时，砌体宜采用抵抗化学物质的材料修建，或者保护砌体，使侵蚀性化学物质不能侵入。

5 结构分析

5.1 一般规定

(1)P 对每个相关的极限状态的验算,结构计算模型应按下述内容建立:

—对结构、所用材料和所处相关环境的合适描述;

—与极限状态相关的结构整体或部分行为;

—作用及其施加的方式。

(2)P 结构的总体布置及其各部件的相互作用和连接应使其在施工和使用过程中具有相应的稳定性和鲁棒性。

(3)计算模型可基于各单独的结构部件(例如墙体),前提是满足 5.1(2)P 的规定。

注:当结构由独立设计部件组成时,宜确保整体稳定性和鲁棒性。

(4)结构响应宜按照以下任一方法计算:

—非线性理论,假定应力和应变间有特定关系(见 3.7.1);

—弹性线性理论,假定应力应变呈线性关系,斜率等于短期割线弹性模量(见 3.7.2)。

(5)对任何构件,计算模型分析结果宜提供:

—竖向和水平作用引起的轴向荷载;

—竖向和/或水平作用引起的剪切荷载;

—竖向和/或横向作用引起的弯矩;

—扭矩,若必要。

(6)P 结构构件应在承载能力极限状态和正常使用极限状态下进行验算,验算时,使用分析结果作为作用。

(7)对于承载能力极限状态和正常使用极限状态下的验算,设计规定见第 6 章和第 7 章。

5.2 偶然状况下的结构性能(不包括地震和火灾)

(1)P 设计结构除承受正常使用产生的荷载以外,还应保证一个合理的概率,确保在超出目标一定限度的误用或偶然荷载效应下不会产生破坏。

注:任何结构都不能承受由于极端原因而可能产生的过大荷载或力,或者支承构件的损失,或者部分结构的损失。例如,在一个小建筑内,主要损坏可能导致整体破坏。

(2)偶然状况下结构的性能宜采用以下任一方法考虑:

—设计构件抵抗偶然作用效应,见 EN 1991-1-7;

—假设依次移除基本承重构件;

—拉结系统的使用;

—减少偶然作用的风险,例如使用防撞设施防止车辆撞击。

5.3 缺陷

(1)P 设计时应考虑缺陷。

(2)宜通过假定结构与竖直方向的倾角为 v(单位:弧度),$v=1/(100\sqrt{h_{tot}})$,考虑可能的缺陷效应。

式中,h_{tot}为结构总高(m)。

由此产生的水平作用宜加到其他作用中。

5.4 二阶效应

(1)P 根据本标准设计包含砌体墙的结构时,应使其部件充分拉结在一起,以便通过计算防止结构的摆动或使结构摆动在允许范围内。

(2)如果竖向加劲构件在建筑物底部的相关弯曲方向上满足公式(5.1)的要求,则不需要考虑结构的摆动:

$$h_{tot}\sqrt{\frac{N_{Ed}}{\sum EI}} \leqslant 0.6 \qquad (n \geqslant 4)$$

$$h_{tot}\sqrt{\frac{N_{Ed}}{\sum EI}} \leqslant 0.2+0.1n \qquad (1 \leqslant n \leqslant 4) \tag{5.1}$$

式中：h_{tot}——从基础顶开始的结构总高；

N_{Ed}——竖向荷载设计值(在建筑底部)；

$\sum EI$——所有竖向加劲建筑构件在相关方向上的弯曲刚度总和；

注：竖向加劲构件的孔洞，当面积小于 $2m^2$ 且高度不超过 $0.6h$ 时，可以忽略。

n——建筑层数。

(3)当加劲构件不满足 5.4(2)的要求时，应进行计算，以检查结构是否能抵抗所有摆动。

注：计算稳定筒因摆动而产生偏心距的方法见附录 B。

5.5 结构构件分析

5.5.1 承受竖向荷载的砌体墙

5.5.1.1 一般规定

(1)当分析承受竖向荷载的墙体时，设计中宜考虑以下内容：

—直接施加到墙体的竖向荷载；

—二阶效应；

—根据已知的墙体布局、楼盖和加劲墙的相互作用计算偏心距；

—由于施工偏差和各构件的材料性能差异导致的偏心距。

注：允许施工偏差见 EN 1996-2。

(2)弯矩可由第 3 章给出的材料性能、灰缝性能和结构力学原理计算。

注：计算竖向荷载引起的墙体弯矩的简化方法见附录 C。附录 C(4)和 C(5)可用于所有计算，包括线形弹性理论。

(3)P 应假定墙体总高的初始偏心距 e_{init}，以考虑施工缺陷。

(4)可假定初始偏心距 $e_{init} = h_{ef}/450$，式中，h_{ef}是墙体的有效高度，按照 5.5.1.2 计算。

5.5.1.2 砌体墙的有效高度

(1)P 应考虑与墙体连接的结构构件的相对刚度以及连接的有效性，评估承重墙的有效高度。

(2)采用楼盖或屋盖、适当布置的相交墙或者任何其他类似的和墙体连接的刚性结构构件，均可对墙体起加劲作用。

(3)可认为墙体在竖向边是加劲的,当采用以下任一方法时:

—预计墙体与其加劲墙之间不会出现裂缝,也就是,两面墙采用变形性能大致相似的材料,承载大致均衡,同时施工并咬砌在一起,且预计墙体之间不会出现因干缩、荷载等引起的不均匀变形;

—墙与其加劲墙之间的连接能通过锚固件、拉结件或者其他合适方式抵抗拉力和压力。

(4)加劲墙的长度宜至少是被加劲墙净高的1/5,厚度至少是被加劲墙体有效墙厚的0.3倍。

(5)如果加劲墙被洞口打断,则洞口间墙的最小长度(穿过被加劲墙)应如图5.1所示,且加劲墙宜在每个孔洞外延伸至少1/5层高的距离。

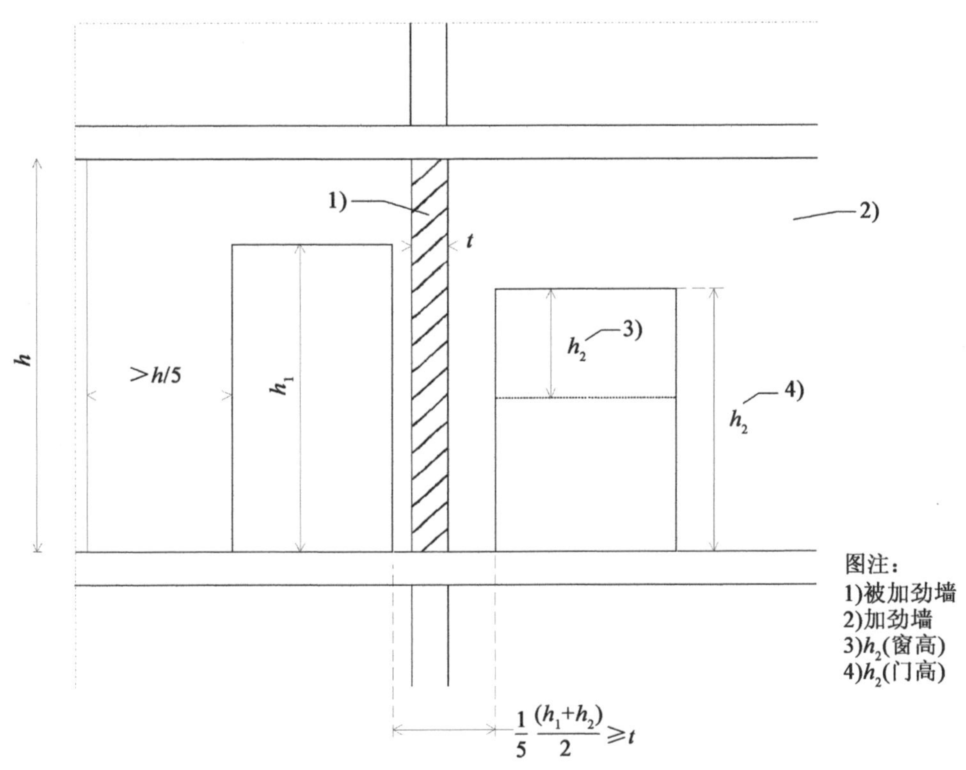

图5.1　带洞口的加劲墙最小长度

(6)墙体可由砌体墙以外的构件加劲,前提是这些构件应有和砌体加劲墙相同的刚度,加劲墙的描述见上述(4),这些构件和被加劲墙设计时采用锚固件或者拉结件连接,以共同抵抗将产生的拉力和压力。

(7)沿两个竖向边加劲的墙,$l \geqslant 30t$,或者沿一个竖向边加劲的墙,$l \geqslant 15t$,式中,l是两个加劲墙之间墙的长度,或者加劲墙一边的墙的长度,t是被加劲墙的厚度,应被视作仅在顶和底受约束的墙体。

(8)如果被加劲墙被竖向的槽和/或坑削弱,除了6.1.2.1(7)允许的情况外,墙厚t应采用削弱后的墙厚或者宜把竖向槽坑处假定为自由边。如果竖向槽坑形成后剩余墙厚小于墙厚的一半,宜假定为自由边。

(9)洞口净高大于 1/4 墙净高,或洞口净宽大于 1/4 墙长,或洞口面积大于 1/10 墙面积时的墙体,宜认为洞口的边是自由边,以确定该墙体的有效高度。

(10)墙体有效高度宜按下式计算:

$$h_{ef} = \rho_n h \tag{5.2}$$

式中:h_{ef}——墙体有效高度;

h——墙体的净层高;

ρ_n——折减系数,其中根据墙的边界约束条件或者墙体的加劲情况取 $n = 2$、3 或 4。

(11)可假定折减系数 ρ_n 为:

(i)对于在顶部或底部由同一高度钢筋混凝土楼盖或屋盖横跨两侧所约束的墙,或者对于在顶部或底部仅由钢筋混凝土楼盖单侧跨越约束且支承长度不小于墙厚 2/3 的墙体:

$$\rho_2 = 0.75 \tag{5.3}$$

如果墙顶荷载的偏心距大于 0.25 倍的墙厚,这时:

$$\rho_2 = 1.0 \tag{5.4}$$

(ii)对于在顶部或底部由同一高度木楼盖或屋盖横跨两侧所约束的墙体,或者对于在顶部或底部仅由木楼盖单侧跨越约束且支承长度不小于墙厚 2/3 并不小于 85mm 的墙体:

$$\rho_2 = 1.0 \tag{5.5}$$

(iii)对于顶和底受到约束,并有一个竖向边被加劲的墙体(有一个竖向自由边):

—当 $h \leqslant 3.5l$ 时:

$$\rho_3 = \frac{1}{1 + \left(\frac{\rho_2 h}{3l}\right)^2} \rho_2 \tag{5.6}$$

ρ_2 从(i)或(ii)中选用合适的。

—当 $h > 3.5l$ 时:

$$\rho_3 = \frac{1.5l}{h} \geqslant 0.3 \tag{5.7}$$

式中:l——墙的长度。

注:ρ_3 值以图表形式在附录 D 中进行说明。

(iv)对于顶和底受到约束,并在两个竖向边被加劲的墙体:

—当 $h \leqslant 1.15l$ 时,ρ_2 从(i)或(ii)中选用合适的:

$$\rho_4 = \frac{1}{1+\left(\frac{\rho_2 h}{l}\right)^2}\rho_2 \tag{5.8}$$

—当 $h > 1.15l$ 时:

$$\rho_4 = \frac{0.5l}{h} \tag{5.9}$$

式中:l——墙的长度。

注:ρ_4值以图表的形式在附录 D 中进行说明。

5.5.1.3 砌体墙的有效厚度

(1)单叶墙、双叶墙、面墙、外壁浆砌墙、灌浆夹心墙的定义见 1.5.10,它们的有效墙厚 t_{ef}宜按照墙的实际厚度 t 取值。

(2)带壁柱被加劲墙的有效厚度宜按式(5.10)计算:

$$t_{ef} = \rho_t t \tag{5.10}$$

式中:t_{ef}——有效厚度;

ρ_t——系数,见表 5.1;

t——墙厚。

表 5.1 带壁柱被加劲墙的刚度系数 ρ_t,见图 5.2

壁柱间距(中心到中心距离)和壁柱宽的比值	A1 壁柱厚 A1 和其咬砌墙的实际厚度的比值		
	1	2	3
6	1.0	1.4	2.0
10	1.0	1.2	1.4
20	1.0	1.0	1.0
注:表 5.1 允许线性插值取值。			

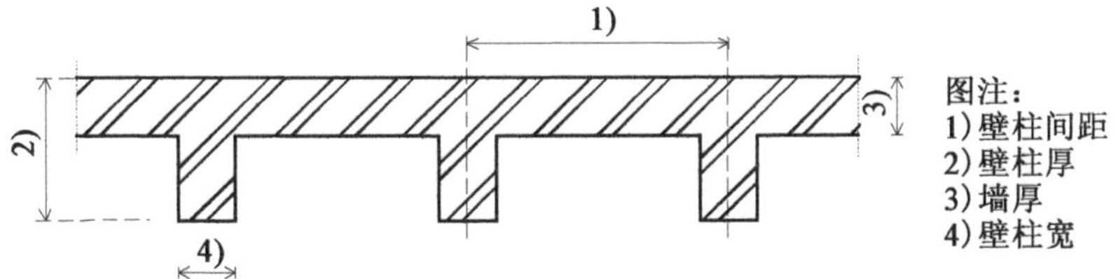

图 5.2 表 5.1 所用定义的示意图

(3)采用墙体拉结件(符合 6.5 的规定)将双叶连接的夹心墙,其有效厚度 t_{ef}宜采用式(5.11)确定:

$$t_{ef} = \sqrt[3]{k_{tef} t_1^3 + t_2^3} \tag{5.11}$$

式中:t_1、t_2——墙叶的实际厚度,或者有效厚度,相关时,按照公式(5.10)计算,t_1 是外叶或者非承载叶的厚度,t_2 是内叶或者是承载叶的厚度;

k_{tef}——考虑外叶墙厚 t_1 和内叶墙厚 t_2 的相对弹性模量 E 的系数。

注:各国采用的 k_{tef}值,可见其国家附件。本标准 k_{tef}(定义为 E_1/E_2)的建议值宜不大于 2。

(4)当夹心墙只有一叶承载时,可使用公式(5.11)计算有效厚度,前提是墙体拉结件有足够的柔性,使承载叶不受非承载叶的不利影响。在计算有效厚度时,非承载叶的厚度不宜大于承载叶的厚度。

5.5.1.4 砌体墙的高厚比

(1)P 砌体墙的高厚比应通过有效高度 h_{ef}除以有效厚度 t_{ef}得到。

(2)当主要承受竖向荷载时,砌体墙的高厚比不宜大于 27。

5.5.2 承受竖向荷载的配筋砌体构件

5.5.2.1 高厚比

(1)构件平面内,竖向承载配筋砌体构件的高厚比宜按 5.5.1.4 确定。

(2)当计算灌浆夹心墙的高厚比时,不宜基于空腔宽度大于 100mm 的墙体。

(3)构件的高厚比不宜大于 27。

5.5.2.2 砌体梁的有效跨度

(1)简支砌体梁或者连续砌体梁(不包括深梁)的有效跨度 l_{ef},可取下述较小值(见图 5.3):

—支承中心间的距离;

—支承间的净距(梁净长)加有效梁高 d。

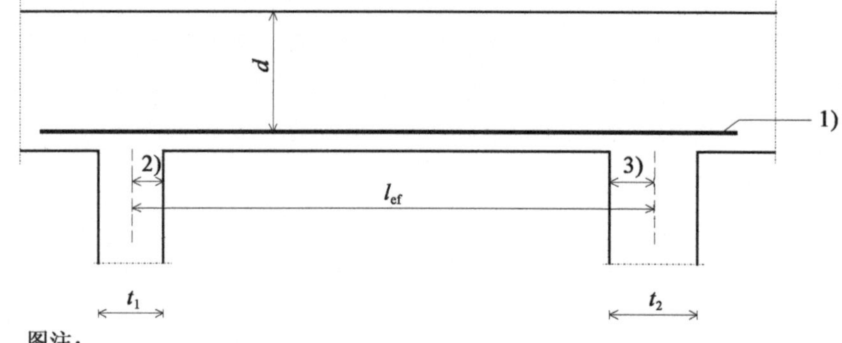

图 5.3 简支砌体梁或者连续砌体梁的有效跨度

(2)砌体挑梁的有效跨度 l_{ef},可取下述较小值(见图5.4):

—支承中心到挑梁端的距离;

—支承面到挑梁端的距离加有效梁高 d 的一半。

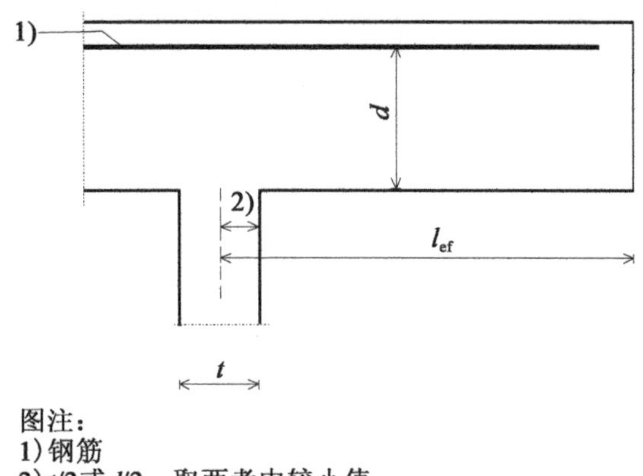

图5.4　砌体挑梁的有效跨度

(3)砌体深梁的有效跨度可根据5.5.2.3确定。

5.5.2.3　承受竖向荷载的砌体深梁

(1)砌体深梁是竖向承载的整体墙或局部墙,横跨孔洞,洞口上方墙体的总高度和洞口的有效跨度的比值最少为0.5。深梁的有效跨度可按下式计算:

$$l_{ef} = 1.15 l_{cl} \tag{5.12}$$

式中:l_{cl}——洞口的净宽,见图5.5。

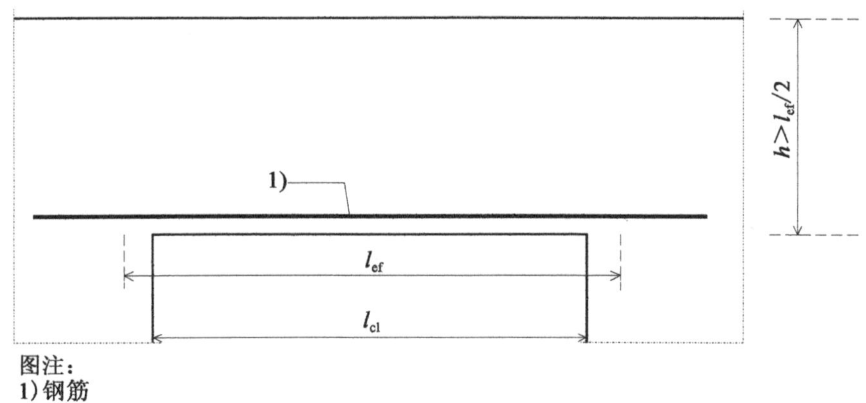

图5.5　砌体深梁分析

(2)宜考虑作用在有效跨度上方局部墙体上的所有竖向荷载,除非通过其他方式承载(如上部楼盖作为拉结件)。

(3)确定弯矩时,可认为深梁在支承间简支,见图5.5。

[A1〉

5.5.2.4 组合过梁

(1)净跨小于等于 3m 的组合过梁,可以假定具有组合作用,并且需忽略由于温度变形、干缩和徐变引起的组合过梁预制部分和相连部分之间的差异变形。

注:净跨大于 3m 的组合过梁,不能假定具有组合作用:可使用预制件起拉结作用的拱模型。

(2)组合过梁的有效跨度,宜取为过梁所横跨洞口净宽 l_{cl}加标示的内置长度取值(见图 6.8)。

(3)确定弯矩时,可认为组合过梁在支承间是简支的。〈A1]

5.5.2.5 内力重分布

(1)在配筋砌体构件内,且在力矩重分布之前,如果中性轴高度 x 和有效高度 d 的比值不超过 0.4,可假定构件有足够的延性,假定达到平衡时,可修正内力的线性弹性分布。根据 EN 1992-1-1,宜考虑力矩重分布对设计各方面的影响。

5.5.2.6 受弯配筋砌体构件的极限跨度

(1)配筋砌体构件的跨度宜限制在从表 5.2 得到的相应值中。

表 5.2 梁和承受平面外弯曲墙体的有效跨度和有效高度之比的限值

	有效跨度和有效高度的比(l_{ef}/d)或者有效跨度和有效厚度的比(l_{ef}/t_{ef})	
	承受平面外弯曲的墙体	梁
简支	35	20
连续	45	26
双向跨	45	—
挑梁	18	7
注:对于并非建筑一部分而主要承受风荷载的自立式墙,比值可增加 30%,但前提是该墙体没有因挠屈而破坏的饰面。		

(2)在简支或者连续构件中,横向约束间的净距 l_r,不宜超过:

$$l_r \leqslant 60b_c \text{ 或} \tag{5.13}$$

$$l_r \leqslant \frac{250}{d}b_c^2\text{,取两者中的较小值} \tag{5.14}$$

式中:d——构件的有效高度;

b_c——约束之间中部受压面的宽度。

(3)对于只有在支承处有横向约束的挑梁，从挑梁端到支承面的净距 l_r，不宜超过：

$$l_r \leqslant 25b_c \text{ 或} \tag{5.15}$$

$$l_r \leqslant \frac{100}{d}b_c^2\text{，取两者中的较小值} \tag{5.16}$$

式中：b_c——支承面处的宽度。

5.5.3 承受剪切荷载的砌体剪力墙

(1)当分析承受剪切荷载的砌体墙时，宜采用剪力墙(包括所有翼墙)的弹性刚度作为墙体的刚度。当墙高大于2倍墙长时，能忽略剪切变形对刚度的影响。

(2)相交墙的整体或局部，可认为是剪力墙的翼墙，前提是剪力墙和翼墙的连接能抵抗相应的剪切作用，且翼墙在假定长度内没有屈曲。

(3)任何可视为翼墙的相交墙的长度(见图5.6)，就是剪力墙的厚度两边各加一个下述值的最小值(必要时)：

—$h_{tot}/5$，其中 h_{tot}是剪力墙的总高度；

—剪力墙间距离 l_s 的一半，当通过相交墙连接时；

—到墙端的距离；

—净高(h)的一半；

—相交墙厚(t)的6倍。

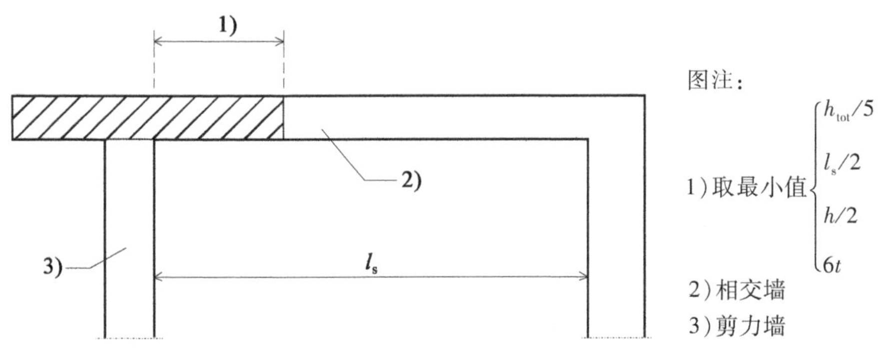

图5.6 剪力墙的假定翼墙宽度

(4)相交墙上尺寸小于 $h/4$ 或 $l/4$ 的洞口可不忽略。尺寸大于 $h/4$ 或 $l/4$ 的洞口宜视为墙端的边界。

(5)如果楼盖能理想化为刚性隔板，那么水平力可按照剪力墙的刚度比例分配到剪力墙上。

(6)P 当剪力墙的平面布置不对称时,或者因为任何其他原因,水平力与结构刚度中心有偏心时,应考虑由此对单个墙体产生的扭转效应。

(7)如果楼盖没有足够刚度,当视其为水平隔板时(例如,没有相互连接的预制混凝土砌块),剪力墙抵抗的水平力,宜按照来自与墙体直接连接楼盖中传递的力取值,除非采用半刚性分析。

(8)剪力墙上的最大水平荷载可减少15%,前提是平行于剪力墙上的荷载相应地增加。

(9)当推导有助于抗剪的相关设计荷载时,施加到横跨两个方向板上的竖向荷载,可均匀地分布在支承墙体上;当楼盖或屋盖板横跨一个方向时,在较低楼层没有直接承载的墙上,在推导轴向荷载时宜考虑荷载的45°扩散角。

(10)可假定剪应力沿墙体受压部分的分布是恒定的。

5.5.4 承受剪切荷载的配筋砌体构件

(1)在计算均布荷载下配筋砌体构件的剪切荷载设计值时,可假定最大剪切荷载出现在距支承面 $d/2$ 处,其中,d 是构件的有效高度。

(2)按距支承面 $d/2$ 处的最大剪切荷载取值时,宜满足下列条件:

—荷载和支承反作用力,会引起构件(直接支承)的斜压力;

—端支承处所需抗拉钢筋在距支承面 $2.5d$ 处锚入支承;

—在中间支承处,所需抗拉钢筋超出支承面至少 $2.5d$ 加锚固长度,锚入跨中。

5.5.5 承受横向荷载的砌体墙

(1)当分析承受横向荷载的砌体墙时,宜在设计时考虑下述内容:

—防潮层的影响。

—支承条件和支承连续性。

(2)面墙应作为单叶墙分析,此单叶墙完全用砌块建成,并具有较低抗弯强度。

(3)墙上变形缝宜视为不能传递力矩和剪力的墙边。

注:设计一些专用锚具穿过变形缝传递力矩和剪力,本标准未涵盖。

(4)当设计支承方式时,荷载引起的沿墙边的反作用力,可假定是均匀分布的。支承处的约束可以通过拉结件、咬合砌筑、楼盖或屋盖提供。

(5)当横向承载墙体和竖向承载墙体咬砌连接时(见8.1.4),或当钢筋混凝土楼盖置于其上时,可认为支承是连续的。防潮层宜视作简支支承。当墙体和竖向承载墙体或者其他结构采用拉结件在竖边连接时,如果证明拉结件的强度是足够的,可假定墙的竖向侧有局部连续力矩。

(6)对于夹心墙,即使只有一叶连续咬合通过支承,就可假定是完全连续的,前提是夹心墙有符合6.3.3的拉结件。通过拉结件从墙体传递到支承的荷载可仅有夹心墙的一叶承担,前提是两叶间有足够的连接(见6.3.3),尤其是在墙体的竖边。在所有其他情况下,可假定是局部连续的。

(7)当墙体3边或4边受到支承时,施加力矩 M_{Edi} 可按下式计算:

—当破坏平面平行于水平灰缝时,即在 f_{xk1} 方向:

$$M_{Ed1} = \alpha_1 W_{Ed} l^2 \quad 单位墙长 \tag{5.17}$$

—当破坏平面垂直于水平灰缝时,即在 f_{xk2} 方向:

$$M_{Ed2} = \alpha_2 W_{Ed} l^2 \quad 单位墙长 \tag{5.18}$$

式中:α_1、α_2——考虑了墙边处的固定程度、墙的高长比的弯矩系数,能从相应理论中得到;

l——墙长;

W_{Ed}——单位面积横向荷载设计值。

注:弯矩系数 α_1、α_2 可按附录E取值,附录E适用于墙厚小于等于250mm的单叶墙,$\alpha_1 = \mu\alpha_2$,式中,μ 为砌体抗弯强度设计值的正交比:f_{xd1}/f_{xd2},见3.6.4,或 $f_{xd1,app}/f_{xd2}$,见[AC> 6.3.1(4) <AC]或 $f_{xd1}/f_{xd2,app}$,见[AC> 6.5.2(9) <AC]。

(8)当防潮层上的竖向应力设计值等于或者超过由作用引起的力矩所产生的抗拉应力设计值时,防潮层处的弯矩系数,可按一个边取值,此边上部是完全连续的。

(9)当墙体仅仅是底边和顶边有支承时,施加力矩可考虑所有连续按正常工程设计原理计算。

(10)[AC>以砂浆强度为M2~M20砌筑的横向承载砌体板或自立式砌体墙,按照6.3设计时宜限制尺寸,以避免由挠度、徐变、干缩、温度效应和开裂引起的过度变形。

注:限值可见附录F。<AC]

(11)当设计形状不规则墙体,或者设计有大量洞口的墙体时,使用公认的获得平面内弯矩的方法进行分析,例如,可使用有限元法或者屈服线模拟法,必要时,考虑砌体的各向异性。

6　承载能力极限状态

6.1　主要承受竖向荷载的无筋砌体墙

6.1.1　一般规定

(1)P　砌体墙对竖向荷载的承载力应基于墙体的几何形状、施加荷载的偏心效应和砌体的材料性能。

(2)在计算砌体墙的竖向承载力时,可假定为:

—平截面保持为平面;

—垂直于水平灰缝的砌体抗拉强度为0。

6.1.2　主要承受竖向荷载的无筋砌体墙的验算

6.1.2.1　一般规定

(1)P　在承载能力极限状态下施加于砌体墙的竖向荷载设计值 N_{Ed},应小于等于墙体的竖向承载力设计值 N_{Rd},即:

$$N_{Ed} \leqslant N_{Rd} \tag{6.1}$$

(2)单叶墙单位长度的竖向承载力设计值 N_{Rd}按下式计算:

$$N_{Rd} = \Phi t f_d \tag{6.2}$$

式中:Φ——承载能力折减系数,Φ_i是墙体顶部或者底部的承载能力折减系数,或者 Φ_m是墙体中部的承载能力折减系数,考虑荷载的高厚比效应和荷载偏心效应,按6.1.2.2计算;

t——墙厚;

f_d——砌体抗压强度设计值,按2.4.1和3.6.1取值。

(3)当墙体的横截面面积小于0.1m^{2}时,砌体的抗压强度设计值f_d宜乘以下述系数:

$$(0.7 + 3A) \tag{6.3}$$

式中:A——墙体的水平承载截面全面积(m^2)。

(4)对于夹心墙,各叶宜单独验算,采用承载单叶的平面面积和基于夹心墙有效厚度的高厚比,根据公式(5.11)计算。

(5)面墙的设计宜与采用较弱砌块整体砌筑的单叶墙相同,使用表3.3中的K值,适用于有纵向灰缝的墙体。

(6)双叶墙,按照6.5拉结在一起,如果两叶承受的荷载相当,可按单叶墙或者夹心墙设计。

(7)当槽或坑超出8.6的限制时,对承载能力的影响宜考虑如下方面:

—竖向槽或坑宜视为墙的端部,或者宜采用墙的残余厚度进行竖向荷载承载力设计值的计算;

—通过验算墙体在槽处的强度,考虑荷载偏心的影响,处理水平槽或斜向槽。

注:作为一般性指导,竖向承载能力折减和由竖向槽坑引起的截面面积折减是呈比例的,前提是面积折减不超过25%。

6.1.2.2 高厚比和偏心距的折减系数

(1)高厚比和偏心距的折减系数值Φ,可基于矩形应力图形,如下所述:

(i)在墙体的顶部或底部处(Φ_i):

$$\Phi_i = 1 - 2\frac{e_i}{t} \tag{6.4}$$

式中:e_i——墙体顶部或底部的偏心距,采用公式(6.5)计算:

$$e_i = \frac{M_{id}}{N_{id}} + e_{he} + e_{init} \geq 0.05t \tag{6.5}$$

M_{id}——由楼盖荷载在支承处的偏心引起的墙体顶部或底部的弯矩设计值,根据5.5.1分析(图6.1);

N_{id}——墙体的顶部或底部的竖向荷载设计值;

e_{he}——水平荷载(例如,风)引起的墙体顶部或底部的偏心距;

e_{init}——[AC>带有标志的初始偏心距,会增加偏心距e_i的绝对值(见5.5.1.1)<AC];

t——墙厚。

(ii)在墙高中部(Φ_m)。

采用6.1.1中的一般原则简化,墙高中部的折减系数Φ_m可[AC>已删除的正文<AC]采用e_{mk}确定,其中:

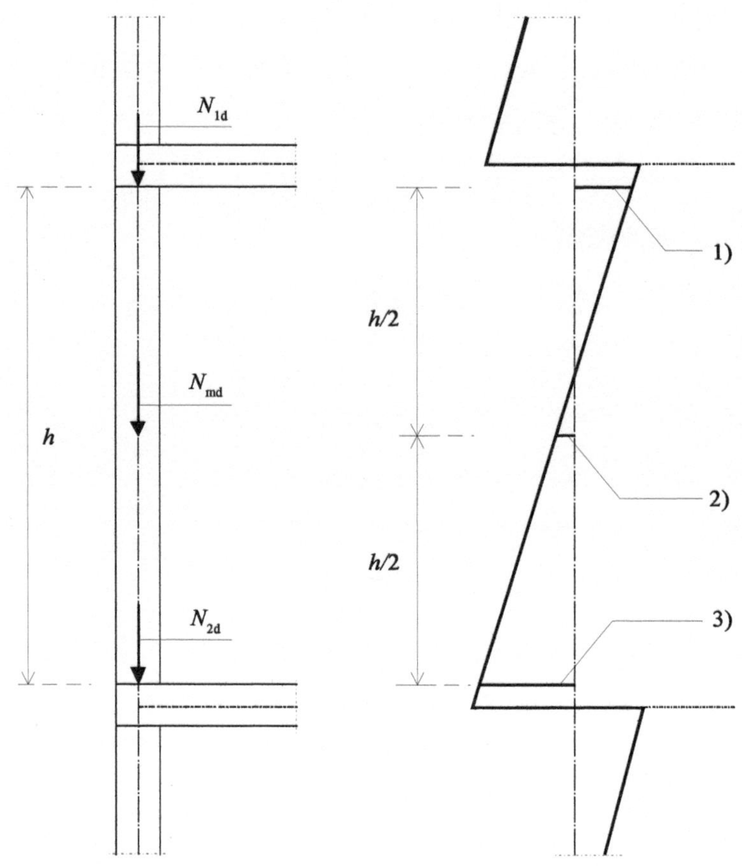

图注：
1) M_{1d}楼盖底部处弯矩
2) M_{md}墙高中部弯矩
3) M_{2d}楼盖顶部弯矩

图 6.1 偏心距计算中的弯矩

e_{mk}——墙高中部的偏心距，采用公式(6.6)和公式(6.7)计算：

$$e_{mk}=e_m+e_k\geq 0.05t \tag{6.6}$$

$$\text{AC}\rangle\ e_m=\frac{M_{md}}{N_{md}}+e_{hm}+e_{init}\ \langle\text{AC} \tag{6.7}$$

式中：e_m——荷载引起的偏心距；

M_{md}——由墙体顶部和底部力矩产生的墙高中部最大力矩设计值(见图6.1)，包括施加到墙表面的偏心荷载引起的力矩(例如，支架)；

N_{md}——墙高中部竖向荷载设计值，包括施加到墙表面的所有偏心荷载(例如，支架)；

e_{hm}——由水平荷载(例如，风)引起的墙高中部偏心距；

注：墙高中部偏心距 e_{hm} 取决于验算所使用的荷载组合；宜考虑其相对于 M_{md}/N_{md} 的符号。

e_{init}——AC〉带有标志的初始偏心距，会增加 e_i 的绝对值(见5.5.1.1)〈AC；

h_{ef}——有效高度，按照5.5.1.2取值，或者考虑合适的约束或加劲条件；

t_{ef}——墙体的有效厚度,按照5.5.1.3取值;

e_k——徐变引起的偏心距,按照公式(6.8)计算:

$$e_k = 0.002\varphi_{\infty}\frac{h_{ef}}{t_{ef}}\sqrt{te_m} \tag{6.8}$$

φ_{∞}——最终徐变系数(见3.7.4(2)的注)。

[AC>注:Φ_m可按附录G,采用上述的e_{mk}确定。<AC]

(2)对于高厚比等于或者小于λ_c的墙体,徐变偏心距e_k可取0。

[AC>注:各国采用的高厚比λ_c值,可见其国家附件,高厚比λ_c的建议值为15。各国可以区别不同类型的砌体,这与各国选用的最终徐变系数相关。

6.1.3 承受集中荷载的墙体

(1)P 施加于砌体墙的竖向集中荷载设计值N_{Edc},应小于或等于墙体竖向集中荷载抗力设计值N_{Rdc},即:

$$N_{Edc} \leqslant N_{Rdc} \tag{6.9}$$

(2)采用第1组砌块砌筑的墙,构造符合第8章的要求,除了外壁浆砌墙,承受集中荷载时,墙体竖向集中荷载抗力设计值按下式计算:

$$N_{Rdc} = \beta A_b f_d \tag{6.10}$$

$$\beta = \left(1 + 0.3\frac{a_1}{h_c}\right)\left(1.5 - 1.1\frac{A_b}{A_{ef}}\right) \tag{6.11}$$

β不宜小于1.0,也不宜大于下述值:

$1.25 + \frac{a_1}{2h_c}$或者1.5,取两者中的较小值。

式中:β——集中荷载的提高系数;

a_1——墙端到承载面最近边的距离,见图6.2;

h_c——墙体距荷载平面的高度;

A_b——承载面积;

A_{ef}——有效承载面积,即$A_{ef} = l_{efm} \cdot t$;

l_{efm}——在墙高或壁柱高中部确定的有效承载长度,见图6.2;

t——墙厚,考虑灰缝槽深大于5mm的情况;

$\frac{A_b}{A_{ef}}$——比值不大于0.45。

注:集中荷载提高系数β的值在附录H中以图表的形式说明。

(3)采用第2、3、4组砌块砌筑的墙体,使用外壁浆砌时,应验算,局部承受集中荷载,砌体压应力设计值不超过砌体的抗压强度设计值f_d(即β取[AC⟩ 1.0 ⟨AC])。

(4)荷载与墙体中心线的偏心距不宜大于$t/4$(见图6.2)。

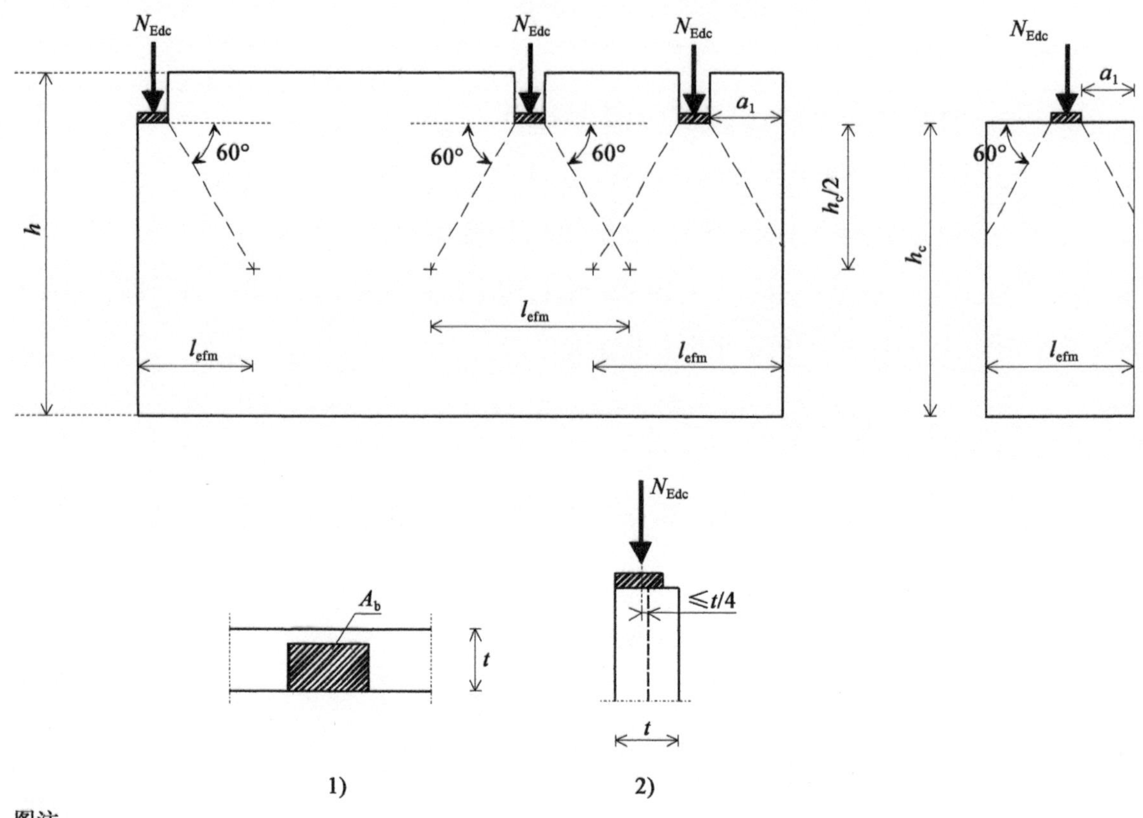

图注:
1)平面图
2)断面图

图6.2 承受集中荷载的墙体

(5)在所有情况下,支座下墙高中部应满足6.1.2.1的要求,包括任何其他叠加的竖向荷载效应,尤其是多个集中荷载,相互接近以至其有效长度段重叠的情况。

(6)集中荷载宜作用在第1组砌块,或者其他实心材料上,其长度等于要求支座长度加上基于荷载以60°扩散到实心材料基础时支座两侧的长度;对于端支座,附加长度只考虑单向60°扩散长度。

(7)当集中荷载施加到有足够刚度、宽度等于墙体厚度、高度大于200mm和长度大于支座长度3倍的垫块(垫梁)上时,集中荷载下的压应力设计值不宜超过$1.5f_d$。

6.2 承受剪切荷载的无筋砌体墙

(1)P 在承载能力极限状态下施加于砌体墙的剪切荷载设计值V_{Ed},应小于或等于墙体的抗剪承载力设计值V_{Rd},即:

$$V_{Ed} \leqslant V_{Rd} \tag{6.12}$$

(2)墙体的抗剪承载力设计值 V_{Rd} 按下式计算:

$$V_{Rd} = f_{vd} t l_c \tag{6.13}$$

A₁〉或者按下式计算:

$$V_{Rd} = V_{Rdlt} \tag{6.14}$$ 〈A₁

式中:f_{vd}——砌体抗剪强度设计值,基于提供抗剪承载力墙体的受压部分上的平均竖向应力,按照 2.4.1 和 3.6.2 取值;

t——抗剪墙体的厚度;

l_c——墙体受压部分的长度,忽略所有墙体受拉部分;

A₁〉V_{Rdlt}——极限抗剪承载力设计值。

注:各国有采用公式(6.13)还是公式(6.14)的决定权,V_{Rdlt} 的值或导出值和砌块的抗拉强度和/或砌体的错缝长度有关,如果各国进行了选择,可见其国家附件,如果没有选择,宜采用公式(6.13)确定。〈A₁

(3)计算墙体的受压部分长度 l_c 时,宜假定压应力线性分布,并考虑各种洞口、槽坑。承受竖向拉应力墙体的任何部分都不宜用于计算墙体抗剪面积。

(4)P 竖向剪切状态下,应验算剪力墙和相交翼墙的连接。

(5)根据施加在墙体上的竖向荷载和剪切荷载的竖向荷载效应,宜验算墙体受压部分长度。

6.3 承受横向荷载的无筋砌体墙

6.3.1 一般规定

(1)P 在承载能力极限状态下施加于砌体墙的力矩设计值 M_{Ed}(见 5.5.5),应小于或等于墙体的抵抗力矩设计值 M_{Rd},即:

$$M_{Ed} \leqslant M_{Rd} \tag{6.15}$$

(2)设计时应考虑砌体的强度正交比 μ。

(3)砌体墙单位高度或者长度的横向抵抗力矩设计值 M_{Rd} 采用下式计算:

$$M_{Rd} = f_{xd} Z \tag{6.16}$$

式中:f_{xd}——适合弯曲平面的抗弯强度设计值,按照 3.6.4、6.3.1(4)或 6.6.2(9)取值;

Z——单位墙高或墙长的弹性截面模量。

(4)当有竖向荷载时,可通过下述任一方面考虑竖向应力的有利效应:

(i)采用砌体表观抗弯强度设计值$f_{xd1,app}$,见公式(6.17),上述(2)砌体的强度正交比μ需相应修正。

$$f_{xd1,app} = f_{xd1} + \sigma_d \tag{6.17}$$

式中:f_{xd1}——破坏面平行于水平灰缝时砌体的抗弯强度设计值,见3.6.4;

σ_d——墙体上的压应力设计值,[A1]根据6.1.2.1(2),墙高中部取值不大于0.15N_{Rd}。[A1]

(ii)采用式(6.2)计算墙体的承载力,式中用Φ_{fl}代替Φ,并考虑砌体抗弯强度设计值f_{xd1}。

注:这里没有包括Φ_{fl}的计算方法。

(5)在评估墙体中某壁柱的截面模量时,从壁柱表面到翼缘的突出长度,宜取下述较小值:

—竖向约束间横墙间距的$h/10$;

—悬臂墙的$h/5$;

—壁柱间净距的一半;

其中,h为墙体净高。

(6)夹心墙的单位面积横向荷载设计值W_{Ed},可在两叶墙间分配,前提是两叶间有墙体拉结件或者其他连接,有能力传递作用到受载夹心墙上。两叶墙间的分配与两叶的强度(即采用M_{Rd})或者单叶的刚度成比例。当采用刚度时,每一叶还宜验算占M_{Rd}的比例。

(7)如果墙体的槽坑超出8.6给出的限值,则削弱了墙体,当通过使用槽坑处墙体的折减厚度,确定承载力时,宜考虑这种削弱的影响。

6.3.2 支承间的墙拱

(1)P 在承载能力极限状态下墙体中拱作用引起的横向荷载效应设计值应小于等于拱作用下的荷载抗力设计值,拱支承强度设计值应大于横向荷载设计值的影响。

(2)有能力抵抗拱推力的支承间的坚固砌体墙,设计时,可假定墙厚中形成了水平拱或者竖向拱。

(3)支承和铰中心处的拱支座宜假定为0.1倍墙厚,分析可基于三铰拱,见图6.3。如果槽坑靠近拱的推力线,应考虑槽坑对砌体强度的影响。

(4)拱推力宜根据横向荷载、砌体的抗压强度、墙体和抵抗推力支承间连接的有效性、墙体弹性以及与时间有关的收缩的影响来评估。竖向荷载可能也会产生拱推力。

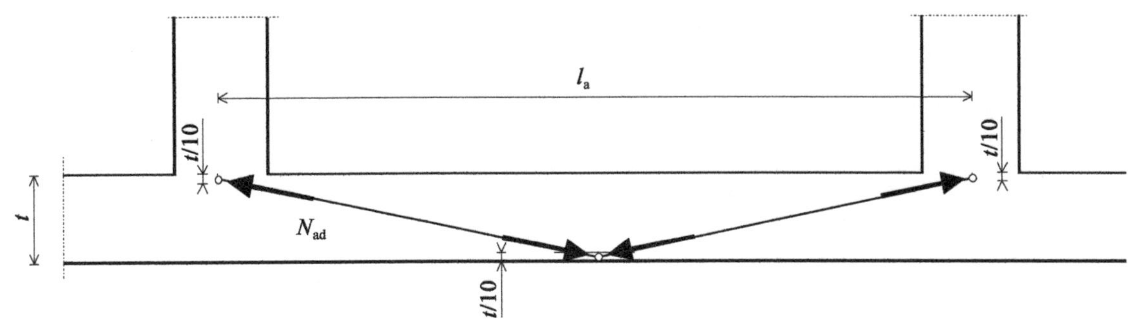

图 6.3　抵抗横向荷载的假定拱(示意图)

(5)拱矢高 r,按照公式(6.18)计算:

$$r = 0.9t - d_a \tag{6.18}$$

式中:t——墙厚,考虑槽缝导致的墙厚折减;

d_a——拱在设计横向荷载作用下的挠度,在墙体长厚比小于等于 25 时,可取 0。

(6)单位墙长拱推力最大设计值 N_{ad},可按照公式(6.19)计算:

$$N_{ad} = 1.5 f_d \frac{t}{10} \tag{6.19}$$

当横向挠度很小时,横向强度设计值 $q_{lat,d}$ 按下式计算:

$$q_{lat,d} = f_d \left(\frac{t}{l_a}\right)^2 \tag{6.20}$$

式中:N_{ad}——单位墙长拱推力最大设计值;

$q_{lat,d}$——墙体单位面积横向强度设计值;

t——墙厚;

f_d——拱推力方向砌体的抗压强度设计值,见 3.6.1;

l_a——拱支承间抵抗拱推力墙段的长度或高度。

前提是:

—任何墙体防潮层或者其他低摩擦抗力层,能传递相关水平力;

—竖向荷载引起的应力设计值不小于 0.1 N/mm^2;

—[AC)所考虑方向(AC]的高厚比不超过 20。

6.3.3　承受风荷载的墙体

(1)宜使用 5.5.5、6.3.1 和 6.3.2 设计承受风荷载的墙体,若相关。

6.3.4　承受由土或水引起横向荷载的墙体

(1)承受横向土压力的墙体,不管有没有竖向荷载,都宜使用 5.5.5、6.1.2、

6.3.1 和 6.3.2 进行设计,若相关。

注 1:砌体抗弯强度标准值 f_{xk1},在设计承受横向土压力的墙体时,不宜采用。

注 2:设计承受横向土压力的地下室墙体时的简化方法见 EN 1996-3。

6.3.5 承受偶然状况横向荷载的墙体

(1)承受水平偶然荷载的墙体,除了地震作用(例如,气体爆炸)产生的水平偶然荷载外,可按照 5.5.5、6.1.2、6.3.1 和 6.3.2 进行设计。

6.4 承受竖向和横向组合荷载的无筋砌体墙

6.4.1 一般规定

(1)同时承受竖向和横向荷载的无筋砌体,必要时,可采用 6.4.2、6.4.3 或者 6.4.4 中给出的任一方法进行验算。

6.4.2 高厚比折减系数法 Φ

(1)采用水平作用引起的相关偏心值,AC> e_{he} <AC 或 e_{hm},根据 6.1.2.2(1)中的(i)或(ii),同时考虑竖向和水平荷载组合的高厚比折减系数 Φ,使用公式(6.5)和公式(6.7)计算,并用于公式(6.2)中。

6.4.3 表观抗弯强度法

(1)6.3.1 允许砌体抗弯强度设计值 f_{xd1} 增加永久竖向荷载至表观抗弯强度设计值 $f_{xd1,app}$,并用于部件的验算。A1> 只有当所考虑建筑部分破坏不影响结构整体稳定时,才可使用在组合荷载工况下的抗弯强度提高方法。<A1

6.4.4 等效弯矩系数法

(1)等效弯矩可结合 6.4.2 和 6.4.3 取值,以允许竖向和水平荷载的组合计算。

注:附录 I 给出修正弯矩系数 α 的方法,见 5.5.5,以考虑竖向和水平荷载。

6.5 拉结件

(1)P 计算拉结件的结构抗力时应考虑下述组合:

—相连结构构件间的变形差,尤其是面墙和背墙,例如,温度差、湿度变化和作用变化引起的变形差；

—水平风荷载；

—夹心墙叶间相互作用引起的力。

(2)P 在确定拉结件的结构抗力时，应考虑拉结件的平直度偏差、材料损伤包含施工期间和施工后拉结件承受连续变形引起的脆性破坏风险。

(3)P 承受横向风荷载的墙体，尤其是夹心墙和饰面墙，连接两叶的墙体拉结件应有能力把承载叶的风荷载分配给另一叶、背墙或支承。

(4)单位面积墙体拉结件的最小数量 n_t，宜从公式(6.21)得到：

$$n_t \geqslant \frac{W_{Ed}}{F_d} \tag{6.21}$$

并不小于8.5.2.2中的规定。

式中：W_{Ed}——单位面积所转移横向荷载[AC]设计值[AC]；

F_d——墙体拉结件抗压或抗拉承载力设计值，与设计条件相适应。

注1：EN 845-1 要求生产厂商标示拉结件的强度，标示值宜除以材料分项系数 γ_M 得到设计值。

注2：墙体拉结件选择宜允许叶间变形差，而不引起破坏。

(5)如果是饰面墙，宜基于墙体拉结件需要把全部作用在饰面墙上的设计水平风荷载传递给背墙结构计算 W_{Ed}。

6.6 承受弯曲、弯曲和轴向荷载或者轴向荷载的配筋砌体构件

6.6.1 一般规定

(1)P 承受弯曲、弯曲和轴向荷载或者轴向荷载的配筋砌体构件的设计应基于下述假定：

—平截面保持为平面；

—钢筋和邻近砌体有相同的应变变化；

—砌体的抗拉强度取0；

—根据材料选择的砌体最大压应变；

—根据材料选择的钢筋最大拉应变；

—砌体的应力-应变关系是直线、抛物线、抛物线矩形或者矩形(见3.7.1)

—钢筋的应力-应变关系见EN 1992-1-1；

—当横截面不完全受压时，对于第1组砌块，砌体极限压应变 ε_{mu} 取值不大于

−0.0035，对于第 2、3、4 组砌块，砌体极限压应变 ε_{mu} 取值不大于 −0.002（见图 3.2）。

（2）P 应假定灌孔混凝土的变形性能和砌体一样。

（3）对于砌体和灌孔混凝土，设计压应力区可基于图 3.2 确定，这时，f_d 是加载方向砌体或灌孔混凝土抗压强度设计值。

（4）当受压区同时包括砌体和灌孔混凝土时，宜采用基于强度最低材料的抗压强度的应力区计算其抗压强度。

6.6.2 承受弯曲和/或轴向荷载配筋砌体构件的验算

（1）P 在承载能力极限状态下施加给配筋砌体构件的荷载设计值 E_d，应小于或者等于构件的荷载抗力设计值 R_d，即：

$$\text{AC}\rangle\ E_d \leqslant R_d\ \langle\text{AC} \tag{6.22}$$

（2）构件的承载力设计值应基于 6.6.1 所述假定。钢筋的拉应变 ε_s 宜不超过 0.01。

（3）在确定截面抵抗力矩设计值时，采用简化方法，可假定为如图 6.4 所示的矩形应力分布图。

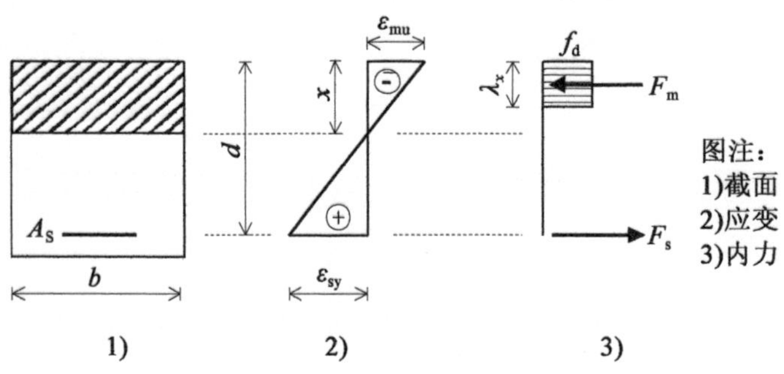

图 6.4 应力应变分布图

（4）对于只承受弯曲的单筋矩形截面，其抵抗力矩设计值 M_{Rd} 按下式计算：

$$M_{Rd} = A_s f_{yd} z \tag{6.23}$$

式中，基于图 6.4 所示的简化方法，力臂 z，在截面同时具有最大压力和最大拉力时，可按下式计算：

$$z = d\left(1 - 0.5\frac{A_s f_{yd}}{bd\, f_d}\right) \leqslant 0.95d \tag{6.24}$$

式中：b——截面宽度；

d——截面有效高度；

A_s——受拉钢筋的截面面积；

f_d——加载方向砌体抗压强度设计值，按 2.4.1 和 3.6.1 取值，或灌孔混凝土按 2.4.1 和 3.3 取值，取两者中的较小值；

f_{yd}——钢筋强度设计值。

注：对于承受弯曲的配筋砌体悬臂墙适用下述(5)。

(5)在确定承受弯曲的配筋砌体构件的抵抗力矩设计值 M_{Rd}时，砌体抗压强度设计值f_d，见图 6.4，可按一个受压区高度 λ_x取值，受压区高度从截面受压边算起，受压时抵抗力矩设计值 M_{Rd}，不宜大于：

AC〉 $M_{Rd} \leq 0.4 f_d b d^2$ 〈AC 用于除轻集料砌块以外的第 1 组砌块 (6.25a)

和

AC〉 $M_{Rd} \leq 0.3 f_d b d^2$ 〈AC 用于第 2 组、第 3 组砌块和第 1 组中的轻集料砌块 (6.25b)

式中：f_d——砌体抗压强度设计值；

b——截面宽度；

d——截面有效高度；

x——到中性轴的高度。

(6)当截面中有局部集中钢筋时，构件不能视为翼墙构件(见 6.6.3)，这时，加强截面宽度宜小于 3 倍砌体墙厚(见图 6.5)。

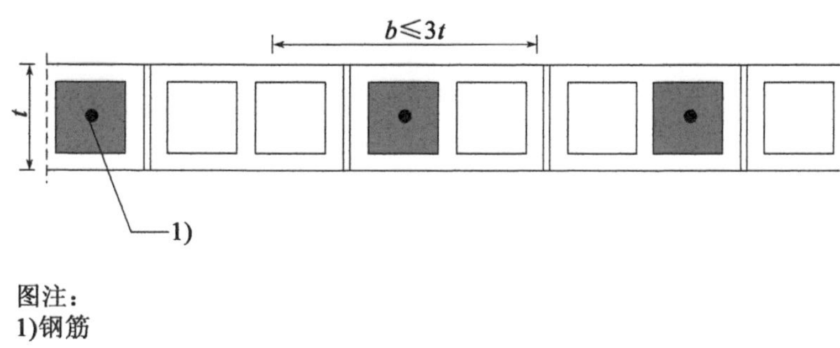

图注：
1)钢筋

图 6.5 有局部集中钢筋构件的截面宽度

(7)高厚比按照 5.5.1.4 计算大于 12 的配筋砌体构件，可采用 6.1 中无筋砌体的原则性规定和应用性规定设计，并考虑附加设计力矩 M_{ad}的二阶效应：

$$M_{ad} = \frac{N_{Ed} {h_{ef}}^2}{2\,000 \cdot t} \tag{6.26}$$

式中：N_{Ed}——竖向荷载设计值；

h_{ef}——墙体有效高度；

t——墙厚。

(8)承受较小轴力的配筋砌体构件,可只进行抗弯设计,如果轴向应力设计值 σ_d 不超过:

$$\sigma_d \leqslant 0.3 f_d \tag{6.27}$$

式中:f_d——砌体抗压强度设计值。

(9)在采用预制水平灰缝钢筋抵抗横向荷载的墙体中,当需要这些钢筋的强度达到弯矩系数 α(见5.5.5)时,表观抗弯强度 $f_{xd2,app}$ 可根据水平灰缝加固截面的抵抗力矩设计值等于同样厚度的无筋截面的值,使用下式计算:

$$f_{xd2,app} = \frac{6 A_s f_{yd} z}{t^2} \tag{6.28}$$

式中:f_{yd}——水平灰缝钢筋的强度设计值;

A_s——每米水平灰缝受拉钢筋的截面面积;

t——墙厚;

z——力臂,见公式(6.23)。

6.6.3 翼墙配筋构件

(1)钢筋局部集中的配筋构件,能作为翼墙构件,例如,T形翼墙或者L形翼墙(见图6.6),翼墙厚度 t_f 宜取砌体厚度,但是任何情况下不得大于 $0.5d$,d 是构件的有效长度。宜检查配筋集中处间的砌体,保证其有能力跨越所提供支承。

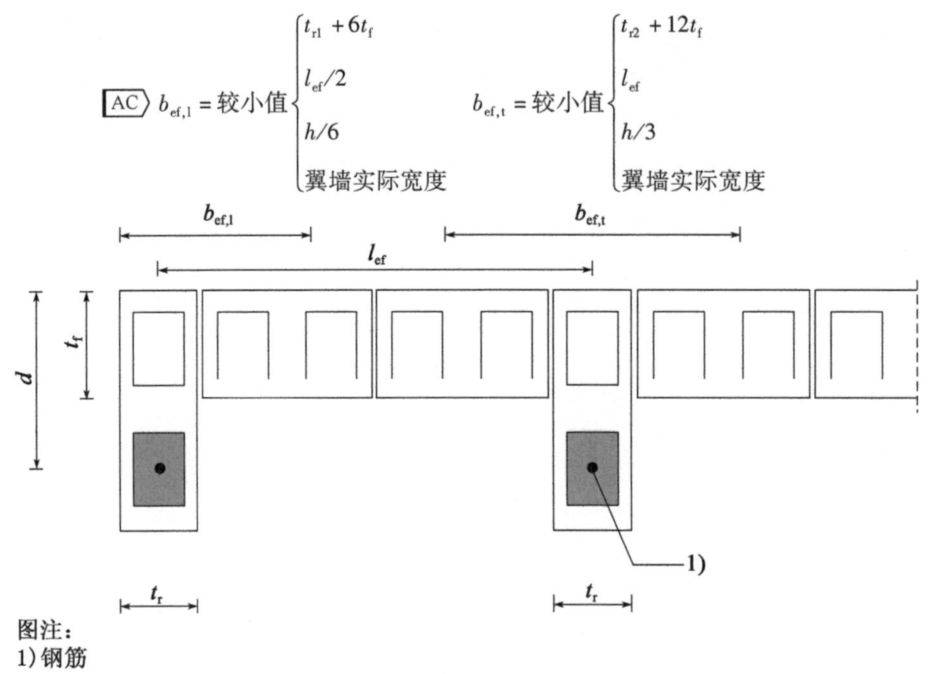

图6.6 翼墙有效宽度

图中:$b_{ef,l}$——L 形翼墙构件的有效宽度;

$b_{ef,t}$——T 形翼墙构件的有效宽度;

h——墙体净高;

l_{ef}——横向约束间的有效距离;

t_f——翼墙的厚度;

t_{ri}——第 i 个肋墙的厚度。〈AC]

(2)翼墙构件的有效宽度 b_{ef}宜取下述最小值:

(i)对于 T 形构件:

—翼墙实际宽度;

—肋墙宽度加 12 倍翼墙厚度;

—肋墙间距;

—墙体高度的 1/3。

(ii)对于 L 形构件:

—翼墙实际长度;

—肋墙宽度加 6 倍翼墙厚度;

—肋墙间距的一半;

—墙体高度的 1/6。

(3)翼墙构件的抵抗力矩设计值 M_{Rd}能使用公式(6.23)计算,但是不宜大于:

$$M_{Rd} \leqslant f_d b_{ef} t_f (d - 0.5t_f) \qquad (6.29)$$

式中:f_d——砌体抗压强度设计值,从 2.4.1 和 3.6.1 中得到;

d——构件的有效长度;

t_f——翼墙厚度,见上述(1)和 (2)的要求;

b_{ef}——翼墙构件的有效宽度,见上述(1)和 (2)的要求。

6.6.4 深梁

(1)深梁构件的抵抗力矩设计值 M_{Rd}按公式(6.23)计算;

其中:

A_s——深梁底部钢筋截面面积;

[AC〉f_{yd}——钢筋强度设计值;〈AC]

z——力臂,宜取下述两式中的较小值:

$$z = 0.7l_{ef} \qquad (6.30)$$

或

$$z = 0.4h + 0.2l_{ef} \tag{6.31}$$

l_{ef}——砌体梁的有效跨度；

h——深梁净高。

(2)抵抗力矩设计值 M_{Rd}不宜大于：

[AC) $M_{Rd} \leqslant 0.4 f_d b d^2$ (AC] 用于除轻集料砌块以外的第1组砌块 (6.32a)

和

[AC) $M_{Rd} \leqslant 0.3 f_d b d^2$ (AC] 用于第2、3、4组砌块和第1组砌块中的轻集料砌块 (6.32b)

式中：b——梁的宽度；

d——梁的有效高度，可取为1.3z；

f_d——加载方向砌体抗压强度设计值，按2.4.1和3.6.1取值，或灌孔混凝土按2.4.1和3.3取值，取两者中的较小值。

(3)为了抵抗裂缝，宜在主筋上方的水平灰缝中配置钢筋，高度是从梁底面算起0.5l_{ef}或0.5d，取两者中的较小值[见8.2.3(3)和图6.7]。

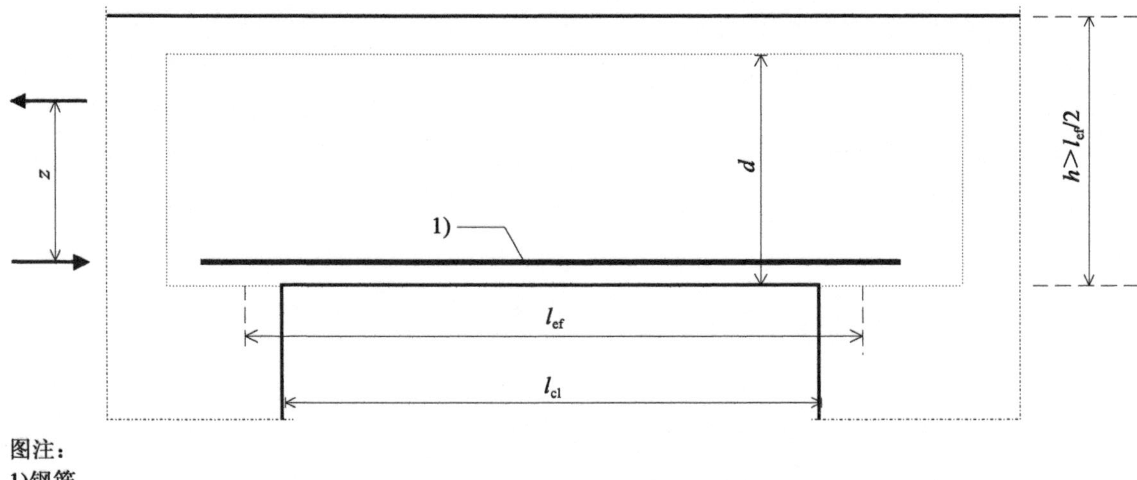

图注：
1)钢筋

图6.7 深梁配筋

(4)钢筋宜是连续的，或者在整个有效跨度 l_{ef}上适当搭接，并按照8.2.5设置适当的锚固长度。

(5)如果没有约束，宜采用6.1.2所述的墙体竖向荷载法，针对屈曲验算深梁受压区的承载力。

(6)宜验算深梁支承附近的竖向荷载。

6.6.5 组合过梁

[A1)(1)生产厂商按照EN 845-2的规定标示组合过梁的荷载承载能力，设计荷载

承载能力宜大于等于作用在组合过梁上的设计荷载,不需要再进一步验算弯曲或剪切。

(2)当组合过梁能视为深梁时,其抵抗力矩设计值 M_{Rd}能按 6.6.4 取值,当组合过梁不能视为深梁时,按 6.6.2 取值。

(3)按照 6.6.2 或 6.6.4 计算承载力的力矩时,用 F_{tkl}/γ_M替换 $A_s f_{yd}$。

式中:F_{tkl}——组合过梁预制部分的抗拉承载力标准值,是生产厂商按照 EN 845-2 的规定标示的;当生产厂商同时标示正常使用极限状态下的抗拉承载力时,F_{tkl}的值不宜大于钢筋锚固时的正常使用值乘以 γ_M;

γ_M——组合过梁预制部分的材料分项系数。

(4)支座处的竖向应力宜按照 6.1.2 和 6.1.3 进行验算。

(5)承受剪切荷载的组合过梁验算是否宜按照 6.7.3 或 6.7.4 进行,取决于过梁是否为深梁。依据3.6.2(6)f_{vk0i} 的值小于 f_{vk0} 的值时,f_{vd} 宜取为 f_{vk0i}/γ_M,f_{vk0i} 按 3.6.3(1)取值,γ_M按 2.4.1 取值。⟨A₁

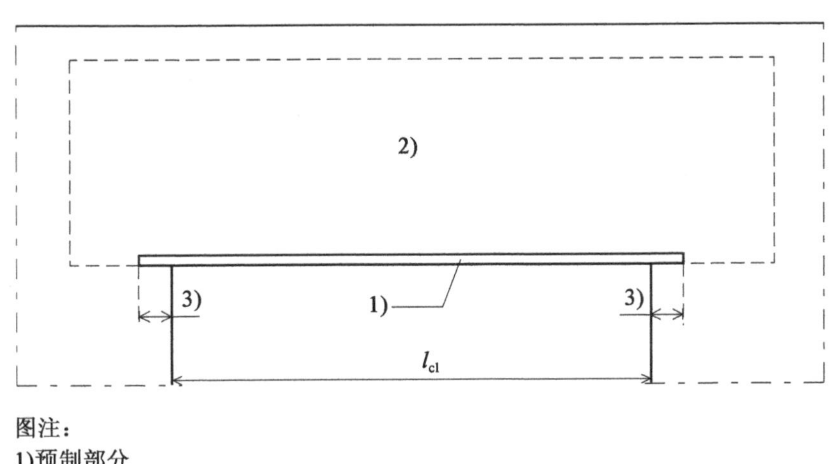

图注:
1)预制部分
2)参与组合部分
3)内置长度

图 6.8 组合过梁

6.7 承受剪切荷载的配筋砌体构件

6.7.1 一般规定

(1)P 在承载能力极限状态下施加于配筋砌体构件的剪切荷载设计值 V_{Ed},应小于或等于构件的抗剪承载力设计值 V_{Rd},即:

$$V_{Ed} \leq V_{Rd} \tag{6.33}$$

(2)配筋砌体构件的抗剪承载力设计值 V_{Rd},可通过以下任一方法计算:

—忽略构件中抗剪钢筋的贡献,其中未提供 8.2.3(5)要求的抗剪钢筋最小面积。

—考虑构件中抗剪钢筋的贡献,其中至少提供抗剪钢筋的面积。

(3)宜考虑灌孔混凝土对配筋砌体构件抗剪承载力的贡献,当灌孔混凝土对抗剪承载力的贡献大于砌体时,宜采用 EN 1992-1-1 并宜忽略砌体的强度。

6.7.2 承受墙体平面内水平荷载的配筋砌体墙验算

(1)对于配置竖向钢筋的配筋砌体墙,当忽略抗剪钢筋的贡献时,宜验算:

$$V_{Ed} \leqslant V_{Rd1} \tag{6.34}$$

式中:V_{Rd1}——无筋砌体的抗剪承载力设计值,按下式计算:

$$V_{Rd1} = f_{vd} t l \tag{6.35}$$

f_{vd}——砌体的抗剪强度设计值,按照 2.4.1 和 3.6.2 取值,或灌孔混凝土按照 2.4.1 和 3.3 取值,取两者中的较小值;

t——墙厚;

l——墙长。

注:若必要,在计算 V_{rd1} 时可考虑抗剪强度设计值 f_{vd} 的增大,以考虑有竖向钢筋的情况。

(2)对含有竖向钢筋的配筋砌体墙,当考虑水平抗剪钢筋时,宜验算:

$$V_{Ed} \leqslant V_{Rd1} + V_{Rd2} \tag{6.36}$$

式中:V_{Rd1}——按公式(6.35)计算;

V_{Rd2}——钢筋贡献的设计值,按下式计算:

$$V_{Rd2} = 0.9 A_{sw} f_{yd} \tag{6.37}$$

A_{sw}——所考虑墙段上水平抗剪钢筋的总面积;

f_{yd}——钢筋强度设计值。

(3)当考虑抗剪钢筋时,宜验算:

$$\frac{V_{Rd1} + V_{Rd2}}{tl} \leqslant 2.0\text{N/mm}^2 \tag{6.38}$$

式中:t——墙厚;

l——墙长,墙高(必要时)。

6.7.3 承受剪切荷载的配筋砌体梁验算

(1)对于配筋砌体梁,当忽略抗剪钢筋的贡献时,宜验算:

$$V_{\mathrm{Ed}} \leqslant V_{\mathrm{Rd1}} \tag{6.39}$$

式中:V_{Rd1}——按下式计算:

$$V_{\mathrm{Rd1}} = f_{\mathrm{vd}} b d \tag{6.40}$$

f_{vd}——砌体抗剪强度设计值,按照2.4.1和3.6.2取值,或者灌孔混凝土抗剪强度设计值,按照2.4.1和3.3取值,取两者中的较小值;

b——有效高度范围内梁的最小宽度;

d——梁的有效高度。

注:在考虑纵向钢筋的V_{Rd1}的计算中,需要时,可考虑抗剪强度设计值f_{vd}的增大,见附录J。

(2)[A1⟩用于确定V_{Rd1}的抗剪强度设计值f_{vd}可增加一个系数:⟨A1]

$$\text{[A1⟩}\ 1 \leqslant \frac{2d}{a_{\mathrm{v}}} \leqslant 4\ \text{⟨A1]} \tag{6.41}$$

式中:d——梁的有效高度;

[A1⟩ a_{v}——构件最大弯矩和最大剪力之比;⟨A1]

前提是f_{vd}的增加值不大于0.3N/mm^2。

注:见附录J。

(3)对于砌体梁,当考虑抗剪钢筋时,宜验算:

$$V_{\mathrm{Ed}} \leqslant V_{\mathrm{Rd1}} + V_{\mathrm{Rd2}} \tag{6.42}$$

式中:V_{Rd1}——按公式(6.40)计算;

V_{Rd2}——按下式计算:

$$\text{[AC⟩}\ V_{\mathrm{Rd2}} = 0.9d\frac{A_{\mathrm{sw}}}{s} f_{\mathrm{yd}} (1+\cot\alpha)\sin\alpha\ \text{⟨AC]} \tag{6.43}$$

d——梁的有效高度;

A_{sw}——抗剪钢筋的面积;

s——抗剪钢筋的间距;

α——抗剪钢筋与梁轴线的夹角,在45°~90°之间;

f_{yd}——钢筋强度设计值。

(4)还宜验算:

$$V_{\mathrm{Rd1}} + V_{\mathrm{Rd2}} \leqslant 0.25 f_{\mathrm{d}} b d \tag{6.44}$$

式中:f_d——加载方向砌体抗压强度设计值,按照 2.4.1 和 3.6.1 取值,或者灌孔混凝土抗压强度设计值,按照 2.4.1 和 3.3 取值,取两者中的较小值;

b——有效高度范围内梁的最小宽度;

d——梁的有效高度。

6.7.4 承受剪切荷载的深梁验算

(1)宜按 6.7.3 进行验算,取 V_{Ed} 作为支承边处的剪切力,梁的有效高度 $d = 1.3z$。

6.8 预应力砌体

6.8.1 一般规定

(1)预应力砌体构件的设计宜基于 EN 1992-1-1 中的相关原则与本标准第 3 章、第 5 章和第 6 章中说明的设计要求和材料性能进行。

(2)设计原则仅适用于一个方向有预应力的构件。

注:设计时,宜首先评估承受弯曲时的正常使用极限状态,然后宜验算在承载能力极限状态下的抗弯强度、轴向强度和抗剪强度。

(3)P 施加的初始预应力应限制在预应力筋极限荷载标准值的可接受比例内,确保预应力筋失效时的安全性。

注:对于预应力传递和预应力损失时的荷载分项系数,宜按 EN 1990 取值。

(4)宜限制锚具处的承载应力和横向拉应力避免出现极限荷载失效状况。可通过考虑作用在平行于水平灰缝或垂直于水平灰缝上的预应力荷载限制局部承载应力。设计宜考虑对横向拉应力的控制。砌体的受拉应力宜限制为零。

(5)P 设计时应考虑会出现的预应力损失。

(6)预应力损失将从以下内容的组合中产生:

—预应力筋松弛;

—砌体弹性变形;

—砌体失水收缩;

—砌体徐变;

—锚固时的预应力损失;

—摩擦效应;

—热效应。

6.8.2 构件验算

(1)P 受弯预应力砌体构件的设计应基于下述假定:

—砌体中,平截面保持为平面;

—压力区上的应力分布是均匀的,且不超过f_d;

—对于第1组砌块,极限压应变取 -0.0035,对于第2、3、4组砌块,极限压应变取 -0.002;

—忽略砌体的抗拉强度;

—有粘结预应力筋或任何粘结的钢筋和相邻砌体承受相同的应变变化;

—有粘结预应力筋或任何粘结的钢筋中的应力从合适的应力应变关系中推导;

—后张法构件中的无粘结预应力筋的应力限制到其强度标准值的可接受比例内;

—确定无粘结预应力筋的有效高度时考虑预应力筋的移动自由度。

(2)P 在承载力极限状态下预应力砌体构件的承载力应采用合适理论计算,该理论考虑了所有材料的性能特征和二阶效应。

(3)当预应力被视为作用时,分项系数宜从 EN 1992-1-1 中得到。

(4)当在构件平面内承受竖向荷载的构件是实心矩形截面时,可以采用6.1.2中的无筋砌体设计方法。对于横截面是非实心矩形的构件,需要计算截面的几何特性。构件的预应力可能需要根据其有效高厚比和轴向荷载承载能力进行限制。

(5)P 预应力砌体构件的抗剪承载力设计值应大于施加剪切荷载的设计值。

6.9 约束砌体

6.9.1 一般规定

(1)P 约束砌体构件的设计应基于无筋砌体构件和配筋砌体构件中做出的类似假定。

6.9.2 构件验算

(1)在承受弯曲和/或轴向荷载的约束砌体构件的验算中,对于配筋砌体构件,宜采用 EN 1996-1-1 中的假定。在确定截面抵抗弯矩设计值时,可只基于砌体强度假定为矩形应力分布。同时宜忽略受压钢筋。

(2)在承受剪切荷载的约束砌体构件的验算中,构件的抗剪承载力宜取砌体和受约束单元中混凝土抗剪承载力的总和。在计算砌体抗剪承载力时,宜采用承受剪切荷载的无筋砌体墙的规定,同时考虑砌体单元的长度 l_c。不宜考虑约束单元中的钢筋。

(3)在承受横向荷载的约束砌体构件的验算中,宜采用无筋砌体墙和配筋砌体墙的假定。宜考虑约束单元中钢筋的贡献。

7 正常使用极限状态

7.1 一般规定

(1)P 应对砌体结构进行设计和施工,为了使其不超出正常使用极限状态。

(2)宜验算可能对隔墙、装饰(包括外加材料)或者技术装备产生不利影响或可能削弱水密性的挠度。

(3)砌体构件的适用性不宜使其他结构构件性能产生不可接受的削弱,例如楼盖或墙体的变形。

7.2 无筋砌体墙

(1)P 应考虑砌体材料性能的差异,以避免材料相互连接处产生过大应力或者损坏。

(2)在无筋砌体结构正常使用极限状态下,当承载能力极限状态满足要求时,不需要另行验算裂缝和挠度。

注:宜记住,当承载能力极限状态满足要求时,裂缝还是会出现,例如,出现在屋盖上。

(3)由约束应力导致的破坏,宜用适当的说明和构造措施避免(见第8章)。

(4)P 承受水平风荷载的砌体墙,不应挠度过大,或者不应因人的偶然作用产生非比例偶然破坏。

(5)对于满足承载能力极限状态验算的横向承载墙体,如果该墙体的尺寸受限 [AC⟩已删除的正文⟨AC],可视为其满足7.1(1)P的要求。

[AC⟩**注**:极限值可见附录F。⟨AC]

7.3 配筋砌体构件

(1)P 在正常使用荷载条件下配筋砌体不应产生超常裂缝和过大的挠度。

(2)当确定配筋砌体构件的尺寸使其在5.5.2.5给出的尺寸限值内时,可假定墙体的横向挠度和梁的竖向挠度在允许范围内。

(3)当采用弹性模量计算挠度时,宜使用按3.7.2得出的长期弹性模量$E_{longterm}$。

(4)当遵循5.5.2.5的尺寸限值和第8章中的构造要求时,配筋砌体受弯构件(例如,配筋砌体梁)的裂缝,将受到限制,以满足正常使用极限状态的要求。

注:当受拉钢筋保护层超过8.2.2的最低要求时,需考虑表面裂缝的可能性。

7.4 预应力砌体构件

(1)P 预应力砌体构件在正常使用荷载条件下,不应有弯曲裂缝,挠度也不应过大。

(2)宜考虑预应力损失后,预应力传递和设计荷载作用下的正常使用荷载条件。对于特定结构形式和荷载条件,可考虑其他设计工况。

(3)P 在正常使用极限状态下预应力砌体构件的分析应基于以下假定:

—在砌体中,平截面保持为平面;

—应力与应变呈比例;

—限制砌体中的拉应力,以避免过大裂缝宽度出现,并保证预应力钢筋的耐久性;

—所有损失产生后,预应力保持恒定。

(4)如果遵循上述(3)P中的假定,将满足正常使用极限状态,虽然可能需要进行附加挠度验算。

7.5 约束砌体构件

(1)P 约束砌体构件在正常使用极限状态下,不应有弯曲裂缝,也不产生过大的挠度。

(2)P 约束砌体构件在正常使用极限状态下的验算应基于无筋砌体构件中给出的假定进行。

7.6 承受集中荷载的墙体

(1)当按照公式(6.9)、公式(6.10)或公式(6.11)验算时,满足承载能力极限状态的支座可视为满足正常使用极限状态的要求。

8 构造

8.1 砌体构造

8.1.1 砌体材料

(1)P 砌体砌块应满足砌筑形式、砌筑位置和其耐久性的要求。砂浆、灌孔混凝土和钢筋应与砌块类型匹配,并满足耐久性要求。

(2) [AC) 配筋砌体用砂浆,当水平灰缝中没有配筋时,抗压强度 f_m 宜不小于 $4N/mm^2$,当水平灰缝配置钢筋时,抗压强度 f_m 宜不小于 $2N/mm^2$。(AC]

8.1.2 墙体的最小厚度

(1)P 墙体的最小厚度应满足墙体坚固性要求。

(2)承重墙的最小厚度 t_{min} 宜满足根据本标准计算的结果。

[AC) 注 (AC]:各国所使用的墙体最小厚度 t_{min} 值,可见其国家附件。建议值等于计算结果。

8.1.3 墙体的最小面积

(1)P 承重墙在扣除槽坑之后应满足最小净平面面积为 $0.04m^2$ 的要求。

8.1.4 砌体的砌筑

8.1.4.1 人造砌块

(1)P 砌体砌块应按成熟方法用砂浆砌筑。

(2)P 无筋砌体墙中的砌块上下层应错缝砌筑,使墙体成为一个结构构件。

(3)无筋砌体墙中的砌块高度小于或等于 250mm 时,错缝长度宜至少为 0.4 倍的砌块高度或者 40mm,取两者中的较大值(见图 8.1)。砌块的高度大于 250mm 时,错缝长度宜大于 0.2 倍的砌块高度或者 100mm。在转角或者墙体交接处,如果错缝长度小于上述要求，砌块错缝长度不宜小于砌块厚度；宜使用切割砌块以达到剩余墙体规定的错缝长度。

注：墙体的长度、洞口的尺寸以及壁柱的尺寸宜尽量和砌块尺寸匹配，以避免过度切割。

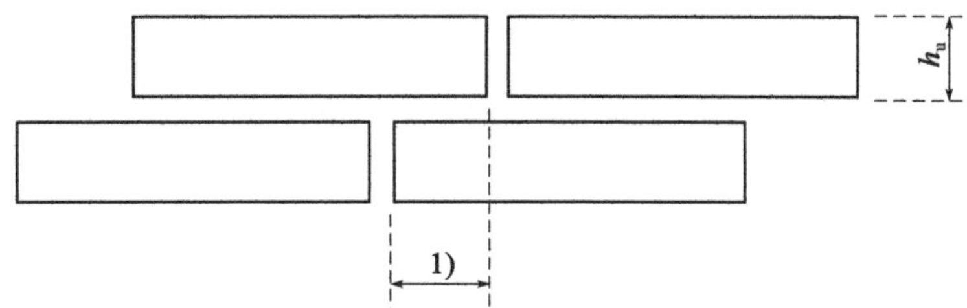

图注：

1)错缝长度 { 砌块的高度h_u小于等于250mm时，错缝长度大于等于$0.4h_u$或者40mm，取两者中的较大值
砌块的高度h_u大于250mm时，错缝长度大于等于$0.2h_u$或者100mm，取两者中的较大值

图 8.1　砌块错缝长度

(4) 当有经验或者试验数据表明可以满足要求时，在配筋砌体中可使用不满足最小错缝长度要求的排块方式。

注：对配筋墙，错缝的长度能作为钢筋设计的一部分。

(5) 当非承重墙毗邻承重墙时，宜考虑因徐变和收缩引起的允许变形差。当这些墙没有砌筑咬合在一起时，宜用合适的连接件拉结在一起，考虑变形差。

(6) 当不同材料牢固地连接在一起时，宜考虑材料的不均匀变形。

8.1.4.2　定尺天然石砌块

(1) 沉积岩和变质沉积岩天然石通常宜水平砌筑或者近似水平砌筑。

(2) 除非采取其他措施保证足够强度，否则表面使用邻接天然石砌块时应搭接至少 0.25 倍的较小砌块的长度，且不小于 40mm。

(3) 在砌块没有贯穿墙厚的墙体中，对于长度等于 0.6 ~ 0.7 倍墙厚的砌筑砌块，不论竖向和横向，其砌筑间距不宜超过 1m。这样的砌块，其高度不宜小于其长度的 0.3 倍。

8.1.5　灰缝

(1) 用一般用途砂浆和轻质砂浆填充的水平灰缝和竖缝，其[AC〉实际厚度〈AC]不宜小于 6mm 且不大于 15mm，用薄层砂浆填充的水平灰缝和竖缝，其[AC〉实际厚度〈AC]不宜小于 0.5mm 且不大于 3mm。

注：当设计基于一般用途砂浆时，如果砂浆是为特定目的开发的，灰缝厚度在 3 ~ 6mm 之间时可砌筑。

(2) 水平灰缝宜水平，除非设计人员另有说明。

(3) 当采用砂浆套砌筑砌块时，如果竖缝的整个高度有砂浆，且至少超过砌块宽度的40%即视为竖缝填满砂浆。但是在承受弯曲和剪切的配筋砌体中,竖缝应完全填满砂浆。

8.1.6 集中荷载下的支座

(1)集中荷载宜作用在墙上,墙的最小长度宜为90mm,或者按照6.1.3计算的长度,取两者中的较大值。

8.2 钢筋构造

8.2.1 一般规定

(1)P 钢筋应配置在和砌体能共同作用的位置。

(2)P 在设计中假定是简支时,应考虑可能由砌体提供的约束作用。

(3)当砌体连续时,不论设计时梁是否连续,宜在支承上方配置在砌体中设计为抗弯构件的钢筋。在这种情况下,宜在支承上方砌体顶部提供不少于跨中所需抗拉钢筋面积50%的钢筋面积,并按8.2.5.1锚固。在所有工况下,至少25%的跨中所需抗拉钢筋宜穿过支承,并以类似的方法锚固。

8.2.2 钢筋保护层

(1)为了使粘结强度可以提高,AC根据4.3.3(3)AC选择的钢筋位于水平灰缝处的砂浆中:

—钢筋到砌体表面的最小砂浆保护层厚度宜为15mm(见图8.2);

—对于一般用途砂浆和轻质砌筑砂浆,水平灰缝中设置的钢筋,其上下宜有砂浆保护层,因此水平灰缝厚度要至少比钢筋直径大5mm。

注:在砌块的一个或两个砌筑面上使用沟槽,能在较薄的缝隙中容纳钢筋周围最小厚度的砂浆。

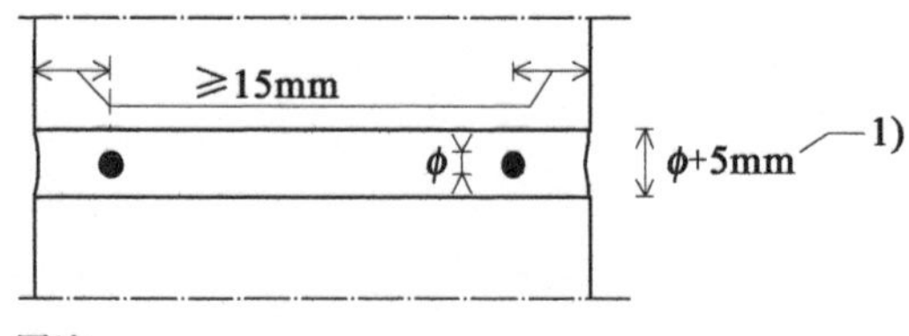

图注:
1)对于一般用途砂浆和轻质砌筑砂浆

图8.2 水平灰缝中的钢筋保护层

(2)对于灌实夹心墙或采用特殊砌筑方法的墙,根据4.3.3(3)选择钢筋,钢筋的最小砂浆或者混凝土保护层厚度宜为20mm,必要时,或为钢筋的直径,取两者中的较大值。

(3)所有钢筋的端部,不锈钢除外,在所考虑的暴露状况下,宜具有与无保护碳素钢相同的最小保护层厚度,除非采用备选的保护方法。

8.2.3 钢筋最小面积

(1)在配筋砌体构件中,当钢筋用于提高构件平面内强度时,主钢筋面积不宜小于构件的有效截面面积的0.05%,截面面积为有效宽度乘以有效高度。

(2)在水平灰缝中设置钢筋用于提高横向 AC〉(平面外)〈AC 荷载抗力的墙体,总钢筋面积不宜小于墙体总截面面积的0.03%(即每面0.015%)。

(3)在水平灰缝中设置钢筋用于控制裂缝或者提供延性时,总钢筋面积不宜小于墙体总截面面积的0.03%。

(4)在设计只横跨一个方向的配筋灌浆夹心墙砌体构件时,宜在垂直于主钢筋方向配置分布钢筋以分散应力。分布钢筋面积不宜小于构件截面面积的0.05%,截面面积为有效宽度乘以有效高度。

(5)对于配置抗剪钢筋的砌体构件(见6.7.3),抗剪钢筋面积不宜小于构件截面面积的0.05%,截面面积为有效宽度乘以有效高度。

8.2.4 钢筋的尺寸

(1)P 所用钢筋的最大尺寸应使钢筋正常埋置在砂浆或灌孔混凝土中。

(2)棒材形式的钢筋的最小直径宜为5mm。

(3)P 所用钢筋的最大尺寸,应不超过按8.2.5取值的锚固应力,且可满足8.2.2中的保护层厚度要求。

8.2.5 锚固和搭接长度

8.2.5.1 受拉和受压钢筋的锚固

(1)P 钢筋应有足够的锚固长度,以使其内力可以传递到砂浆或灌孔混凝土中,并且不会出现砌体纵向开裂或剥落的情况。

(2)锚固应为直锚、直弯钩、斜弯钩或半圆弯钩锚,见图8.3。或者,应力传递可采用通过试验证明的机械装置进行。

(3)直锚或直弯钩锚[见图8.3(a)和(b)]不宜用于直径大于8mm的光圆钢

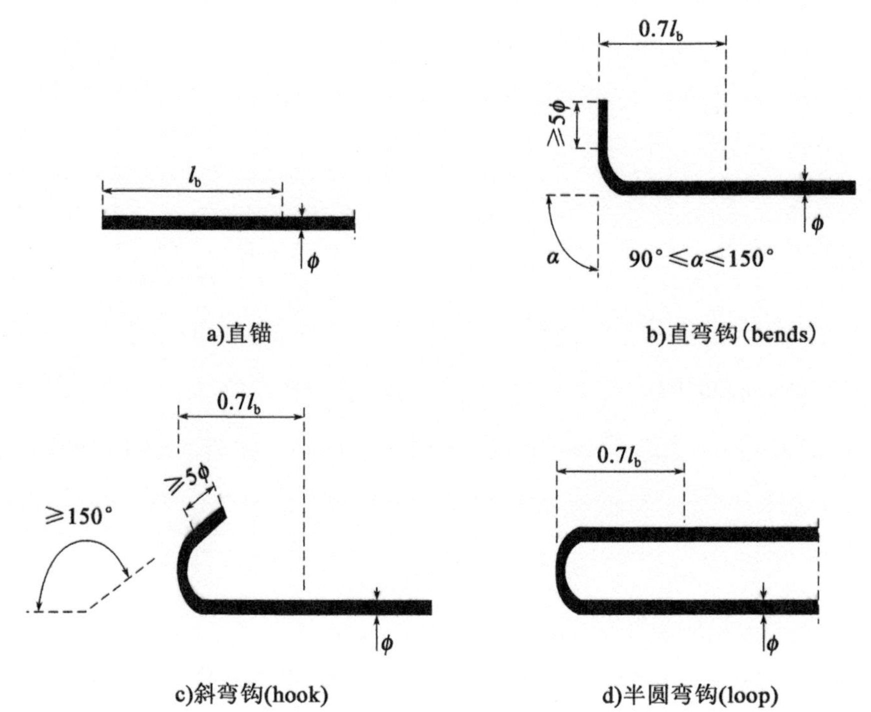

图 8.3 钢筋锚固详图

筋。斜弯钩、直弯钩或半圆弯钩锚不宜用于受压钢筋。

(4)假定粘结应力恒定,宜按下式计算钢筋所需直锚长度 l_b:

$$\text{AC} \; l_b = \frac{\varphi f_{yd}}{4 f_{bod}} \; \text{AC} \tag{8.1}$$

式中:φ——钢筋有效直径;

f_{yd}——钢筋强度设计值,按 2.4.1 和 3.4.2 取值;

f_{bod}——钢筋锚固强度设计值,按表 3.5 或表 3.6 取值及按 3.6.5 取值,必要时,按 2.4.1 取值。

(5)对于末端为斜弯钩、直弯钩和半圆弯钩[见图 8.3(b)、(c)和(d)]的钢筋,受拉时锚固长度可减少到 0.7 l_b。

(6)当实际配筋面积比设计值大时,锚固长度可按比例减少,前提是:

(i)对受拉钢筋时,锚固长度不小于下述最大值:

—$0.3l_b$;

—10 倍钢筋直径;

—100mm。

(ii)对受压钢筋,钢筋锚固长度不小于下述最大值:

—$0.6l_b$;

—10 倍钢筋直径;

—100mm。

(7)钢筋锚固时,宜沿锚固长度均匀设置横向钢筋,在弧形锚固区[见图8.3(b)、(c)和(d)]至少设置1根钢筋。横向钢筋的总面积不宜小于1根被锚固钢筋面积的25%。

(8)当在水平灰缝中设置预制钢筋时,锚固长度宜根据锚固粘结强度标准值,按照符合EN 846-2的试验确定。

8.2.5.2 受拉和受压钢筋的搭接

(1)P 钢筋搭接长度应足以传递设计力。

(2)两根钢筋的搭接长度宜根据8.2.5.1,基于两根搭接钢筋中较小的一根计算。

(3)两根钢筋的搭接长度宜为:

—l_b,对于受压和受拉钢筋,当截面内钢筋搭接数量少于30%时,同时当搭接钢筋的横向净距不小于10倍钢筋直径时,以及混凝土和砂浆保护层不小于5倍钢筋直径时。

—$1.4l_b$,对于受拉钢筋,当截面内钢筋搭接数量大于或等于钢筋总量的30%时,或者当搭接钢筋的横向净距小于10倍钢筋直径时,或者混凝土和砂浆保护层小于5倍钢筋直径时。

—$2l_b$,对于受拉钢筋,当截面内钢筋搭接数量大于或等于钢筋总量的30%,同时搭接钢筋的净距小于10倍钢筋直径或者混凝土和砂浆保护层小于5倍钢筋直径时。

(4)钢筋间的搭接段不宜位于高应力区,或者截面尺寸变化处,例如,墙体厚度变化处。两根搭接钢筋间的净距不宜小于2倍钢筋直径,或者20mm,取两者中的较大值。

(5)当在水平灰缝中设置预制钢筋时,搭接长度宜基于锚固粘结强度标准值,按照EN 846-2的试验确定。

8.2.5.3 抗剪钢筋的锚固

(1)抗剪钢筋包括箍筋的锚固,宜通过斜弯钩或者直弯钩锚[见图8.3b)和c)]的方式实现,在斜弯钩和直弯钩内配置纵向钢筋。

(2)当斜弯钩锚固的弯起段长度延伸至5倍钢筋直径或50mm时,取两者中的较大值,视为锚固有效;当弯锚的弯起段长度延伸至 10 倍钢筋直径或 70mm 时,取两者中的较大值,视为锚固有效(见图 8.4)。

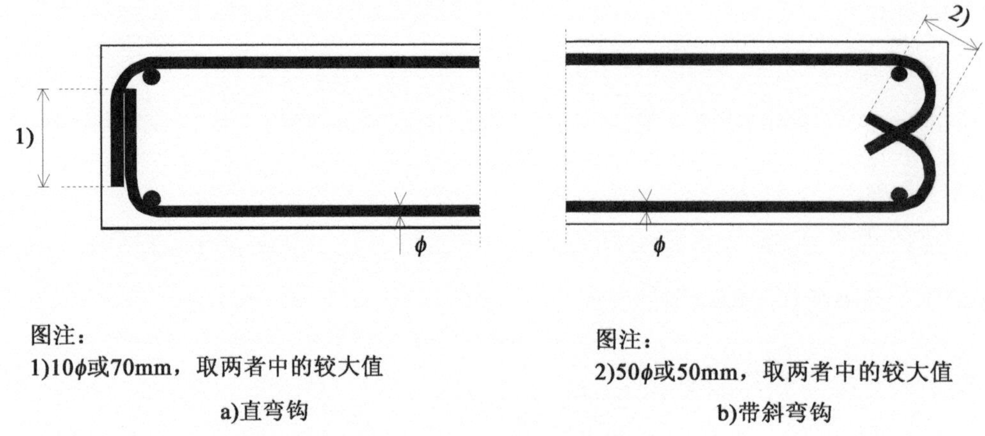

图 8.4 抗剪钢筋的锚固长度

8.2.5.4 受拉钢筋的截断

(1)受弯构件,除端支承外,每根钢筋宜延伸至不需该钢筋点外,延伸长度等于构件的有效高度,或者 12 倍的钢筋直径。在理论上不需要钢筋的点处,仅考虑连续钢筋的作用时,截面的抵抗弯矩设计值等于其施加力矩设计值。但是,钢筋不宜在受拉区截断,除非至少满足下述条件之一,并考虑设计荷载的所有布置:

—钢筋在不再需要抵抗弯曲的点开始,至少延伸和其设计强度相适应的锚固长度;

—钢筋截断点截面的抗剪承载力设计值大于该截面处由设计荷载引起的剪力的 2 倍;

—钢筋截断点截面的连续钢筋是该截面抵抗弯矩所需面积的 2 倍。

(2)当受弯构件的端固定很小或没有时,至少跨中所需受拉钢筋面积的 25% 宜穿过支承。钢筋可按 8.2.5.1 锚固,或者通过以下任一方式锚固:

—当支承中心前没有直弯钩锚或斜弯钩锚时,过支承中心线的有效锚固长度等同于 12 倍钢筋直径。

—有效锚固长度等同于 12 倍钢筋直径加 $d/2$,$d/2$ 为距支承表面的距离,其中,d 是构件的有效高度,并且支承表面向内 $d/2$ 处没有直弯钩锚。

(3)当支承表面到最近主荷载边的距离小于 2 倍有效高度时,构件中承受弯曲的所有主筋应连续到支承内,锚固长度等同于 20 倍钢筋直径。

8.2.6 受压钢筋的约束

(1)P 应约束受压钢筋以避免局部屈曲。

(2)在纵向钢筋面积大于砌体和灌孔混凝土面积0.25%,且纵向钢筋承受超过轴向承载力设计值25%的构件中,宜设置围绕纵向钢筋的拉结筋。

(3)当设置拉结筋时,其直径不宜小于4mm,或者纵筋最大直径的1/4,取两者中的较大值,间距不超过下述最小值:

—墙体的最小横向尺寸;

—300mm;

—12倍主筋直径。

(4)竖向钢筋的角筋宜通过每个拉结筋间距处的内角支承,内角不宜大于135°,内部竖向钢筋仅需要通过拉结筋间距处内角约束。

8.2.7 钢筋间距

(1)P 钢筋间距应足够大,以保证灌孔混凝土或者砂浆的灌注和捣实。

(2)相邻平行钢筋的净距宜不小于集料最大粒径加5mm,或者钢筋直径,或者10mm,取三者中的较大值。

(3)抗拉钢筋间距不宜超过600mm。

(4)当主筋是集中设置在芯孔或空腔或由砌块砌筑所形成的小型空腔内,主筋总面积不宜超过芯孔(空腔中灌注)全面积的4%,搭接段不宜超过8%。

(5)在有序排列的空腔内集中设置主筋,当钢筋间距超过上述(3)时,加筋截面的翼缘宜根据[AC>6.6.3<AC]的要求限制,且钢筋间距可达1.5m。

(6)当需要设置抗剪钢筋时,箍筋间距不宜大于0.75倍构件有效高度或300mm,取两者中的较小值。

(7)水平灰缝中设置的钢筋间距宜为600mm或更小,按中心距计算。

8.3 预应力构造

(1)预应力装置的构造宜符合EN 1992-1-1的规定。

8.4 约束砌体构造

(1)P 约束砌体墙应受到竖向和水平配筋混凝土或者配筋砌体约束构件约束,以便承受作用时,可作为单个结构构件共同作用。

(2)P 顶部和侧边的约束构件应在砌体砌筑完成后浇注,使之成为一体。

(3)约束单元宜设置在每层楼板处、墙体间的相交处以及面积大于 1.5m^2所有洞口的两边。墙体还可能需要设置附加约束构件,使得约束构件的水平和竖向最大间距不超过 4m。

(4)约束构件的横截面面积不宜小于 0.02m^2,其在墙平面内的最小尺寸为150mm,并配置最小面积等同于约束构件横截面面积 0.8% 的纵向钢筋,但是不小于200mm^2。宜设置直径不小于 6mm、间距不大于 300mm 的箍筋。钢筋的构造宜符合 8.2 的规定。

(5)在采用第 1 组和第 2 组砌块砌筑的约束砌体墙中,砌块和毗邻的约束构件宜按照 8.1.4 中关于砌体砌筑的规定进行搭接。或者,宜采用直径不小于 6mm、间距不超过 300mm 的钢筋,并充分锚固在灌孔混凝土和砂浆缝中。

8.5 墙体连接

8.5.1 墙体与楼盖或屋盖的连接

8.5.1.1 一般规定

(1)P 假定墙体受到楼盖或屋盖约束,墙体应与楼盖或屋盖连接,以传递设计横向荷载到支撑构件。

(2)宜采用楼盖或屋盖结构传递横向荷载到支撑构件,例如,钢筋混凝土或预制钢筋混凝土,或其上铺木板的木搁栅结构,上述楼盖或屋盖能起横隔作用,或采用圈梁传递剪切和弯曲作用效应。砌体墙上结构构件的支座摩擦阻力,或者端部固定采用的金属拉结带,宜有能力抵抗传递荷载。

(3)P 当楼盖或屋盖搁置在墙体时,支承长度应足够满足所需承载能力和抗剪承载力的要求,并考虑生产和安装公差。

(4)墙体上楼盖或屋盖的最小支承长度宜根据计算确定。

8.5.1.2 拉结带连接

(1)P 采用的拉结带应有能力传递墙体和约束结构构件之间的横向荷载。

(2)当忽略墙体上的附加荷载时(例如,山墙和屋盖连接处),需要特别考虑,以确保拉结带和墙体之间连接的有效性。

(3)对不超过 4 层高的建筑,其墙体与楼盖或屋盖间拉结带的间距不宜大于2m;对高于 4 层的建筑,则不宜大于 1.25m。

8.5.1.3 摩阻力连接

(1)P 当混凝土楼盖、屋盖或者圈梁直接搁置在墙体上时,摩阻力应具有传递横向荷载的能力。

8.5.1.4 环箍和圈梁

(1)通过圈梁、环箍传递横向荷载到支撑构件时,圈梁、环箍宜设置在每层楼板处,或者正下方。环箍可由钢筋混凝土、配筋砌体、钢筋或木材组成,宜能承受45kN 的拉力设计值。

(2)当环箍不连续时,宜采取附加措施保证连续性。

(3)由钢筋混凝土组成的环箍宜包含至少 2 根钢筋,2 根钢筋面积至少 $150mm^2$。钢筋搭接设计宜符合 EN 1992-1-1 的规定,搭接接头尽可能错开。全截面中的平行钢筋可认为是连续的,前提是平行钢筋设置在楼盖或者窗过梁中,平行钢筋的间距不大于 0.5m,分别从墙体中部和楼盖算起。

(4)如果不考虑楼盖的横隔作用,或者在楼盖支座下设置滑动层,墙体的水平加劲宜通过圈梁或者静力等效措施确保。

8.5.2 墙与墙连接

8.5.2.1 十字相交墙

(1)P 相交承重墙体应咬合砌筑,以满足竖向和横向荷载能相互传递的要求。

(2)墙体相交处的缝隙宜通过以下任一方式砌筑:

—砌体砌筑(见 8.1.4);

—连接件或者钢筋延伸进每道墙体。

(3)相交承重墙体宜同时砌筑。

8.5.2.2 夹心墙和饰面墙

(1)P 夹心墙的两叶应有效拉结在一起。

(2)连接夹心墙两叶或饰面墙和其背墙的墙体拉结件,数量不宜小于根据 6.5 计算的值,若相关,也不小于 n_{tmin}/m^2。

注 1:墙体拉结件的使用要求见 EN 1996-2。

注 2:当连接构件,例如预制水平灰缝钢筋,用于连接墙的两叶时,每个连接构件应视为一个墙体拉结件。

注3:各国采用的夹心墙和饰面墙的 n_{tmin} 值,可见其国家附件;夹心墙和饰面墙 n_{tmin} 的建议值均是2。

8.5.2.3 双叶墙

(1)P 双叶墙的两叶应有效拉结在一起。

(2)连接双叶墙两叶的墙体拉结件,根据 AC〉6.5(4)〈AC 计算,宜有足够的横截面面积,并且双叶墙每平方米至少有 j 个拉结件,拉结件均匀分布。

注1:有些水平灰缝预制钢筋的形式也能起双叶墙两叶间拉结件的作用(见EN 845-3)。

注2:各国采用的 j 值,可见其国家附件;j 建议值是2。

8.6 墙体上的槽坑

8.6.1 一般规定

(1)P 槽坑不应损害墙体的稳定性。

(2)槽坑不宜贯穿过梁,或者墙体内的其他结构构件,也不允许出现在配筋砌体构件上,除非设计者特别允许。

(3)在夹心墙中,槽坑的规定分别适用于每叶墙。

8.6.2 竖向槽坑

(1)如果竖向槽坑深度不大于 $t_{ch,v}$,则可以忽略由竖向槽坑导致的竖向承载力、抗剪承载力和抗弯承载力的折减。槽坑的深度宜包括所形成槽坑时所有孔洞达到的深度。如果槽坑深度超出该限值,则宜采用扣除槽坑后的砌体截面积计算竖向承载力、抗剪承载力和抗弯承载力。

注1:各国采用的 AC〉$t_{ch,v}$〈AC 值,可见其国家附件。$t_{ch,v}$ 建议值见下表。

无需计算的砌体竖向槽坑尺寸

	砌体施工完成后形成的槽坑		砌体施工过程中形成的槽坑	
墙厚(mm)	最大深度(mm)	最大宽度(mm)	最小剩余墙厚(mm)	最大宽度(mm)
85~115	30	100	70	300
116~175	30	125	90	300
176~225	30	150	140	300
226~300	30	175	175	300

(续)

	砌体施工完成后形成的槽坑		砌体施工过程中形成的槽坑	
>300	30	200	215	300

注1:槽坑最大深度宜包括形成槽坑时所有孔洞达到的深度。
注2:如果墙厚大于或等于225mm,楼板上方长度不超过1/3层高的竖向槽,深度最大为80mm,宽度最大为120mm。
注3:相邻槽与槽或相邻槽与坑或相邻槽与洞口之间的水平距离不宜小于225mm。
注4:相邻坑与坑的水平距离,不论出现在墙的同一面还是正背面,或是相邻坑与洞口间的水平距离,都不宜小于两个坑中较大的坑的宽度的2倍。
注5:竖向槽坑的累计宽度不宜超出墙长的0.13倍。

8.6.3 水平槽和斜向槽

(1)所有水平槽和斜向槽都宜位于楼板上方或者下方墙体净高的1/8内。假定在槽所在区域的偏心距小于$t/3$,则总深度(包括形成槽坑时所有孔洞达到的深度)宜小于[AC⟩ $t_{ch,h}$ ⟨AC]。如果槽深超出该限值,则宜验算竖向荷载、抗剪承载力和抗弯承载力,采用考虑扣除槽后的截面面积计算。

注:各国采用的[AC⟩ $t_{ch,h}$ ⟨AC]值,可见其国家附件。[AC⟩ $t_{ch,h}$ ⟨AC]建议值见下表。

无需计算的砌体水平槽和斜向槽尺寸

墙厚(mm)	最大槽深(mm)	
	不限制槽长	槽长≤1250mm
85~115	0	0
116~175	0	15
176~225	10	20
226~300	15	25
超过300	20	30

注1:最大槽深宜包括形成槽时所有孔洞达到的深度。
注2:槽端和洞口间的水平距离宜不小于500mm。
注3:相邻限制长度的槽与槽间的水平距离,不论出现在墙体的同一面还是正背面,不宜小于两个槽中较大槽的长度的2倍。
注4:在墙厚大于175mm墙体中,如果槽是机械切槽到准确深度,可允许槽深增加10mm。如果采用机械切槽,最大槽深10mm的槽可在正面背面同时开槽,此时墙厚不小于225mm。
注5:槽宽不宜超过剩余墙厚的一半。

8.7 防潮层

(1)P 防潮层应能传递水平和竖向设计荷载而不破坏。防潮层应有足够的表面摩擦阻力,以阻止其上砌体的无预期变形。

A1 **注**:在组合过梁的预制部分和参与组合部分之间,不建议插入防潮层。如果需要插入,防潮层必须能抵抗其界面处水平剪力和竖向压力,见6.6.5(4)和6.6.5(5)。A1

8.8 热变形和长期变形

(1)P　应考虑变形效应的影响,以使砌体的性能不会受到不利影响。

注:考虑砌体变形的信息见 EN 1996-2。

9 施工

9.1 一般规定

(1)P 所有工程应按规定的构造要求在允许偏差的范围内进行施工。

(2)P 所有工程应由具有相应技能和经验的人员实施。

(3)如果遵循 EN 1996-2 的要求,能假定满足上述(1)P 和(2)P 的要求。

9.2 结构构件的设计

(1)施工过程中宜考虑结构和独立墙体的整体稳定性,如果现场工作需要采取特殊的预防措施,宜说明。

9.3 砌体的加载

(1)P 砌体在达到足够强度以抵抗荷载而不发生破坏前,不应承受荷载。

(2)在墙体有能力抵抗回填作业产生的荷载之前,考虑压实力或者压实振动,不宜对挡墙进行回填。

(3)宜注意,施工过程中,临时无约束的墙体有可能会承受风荷载或施工荷载,所以必要时,宜设临时支撑以保持其稳定性。

附录 A
(资料性)
与施工相关分项系数的考虑

(1)当一个国家将 2.4.3 中 γ_M的一个等级或多个等级与施工控制联系起来时,区分 γ_M的等级时宜考虑下述内容:

—是否有承包商雇佣的有相应资格且有经验的人员对工程进行监督;

—是否有独立于承包商团队,有相应资格且有经验的人员对工程进行检查;

注:在设计施工合同中,设计者可视为独立于施工组织的人,从事工程检查,前提是设计者具有相应资格,可以向独立于现场施工队的高级管理人员汇报。

—砂浆和灌孔混凝土的现场性能评估;

—砂浆拌和的方式、组分计量的方式,例如,是称重还是用计量箱。

附录 B

(资料性)

稳定筒的偏心距的计算方法

(1)当竖向加劲构件不满足 5.4(2)的要求时,摇摆引起的稳定筒在相应方向的总偏心距 e_t宜按下式计算:

$$e_t = \xi \cdot \left(\frac{M_d}{N_{Ed}} + e_c\right) \tag{B.1}$$

式中:M_d——稳定筒底部的弯矩设计值,采用线弹性理论计算;

N_{Ed}——稳定筒底部的竖向荷载设计值,采用线弹性理论计算;

e_c——附加偏心距;

ξ——所考虑结构构件的约束转动刚度的放大系数。

(2)附加偏心距 e_c和放大系数 ξ 可采用公式(B.2)和公式(B.3)计算(见图 B.1):

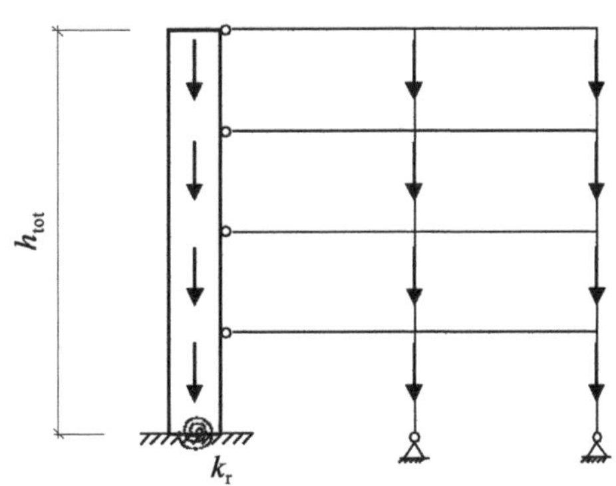

图 B.1 稳定筒示意图

$$\xi = \frac{k_r}{k_r - 0.5N_d \cdot h_{tot} \cdot \dfrac{Q_d}{N_d}} \tag{B.2}$$

$$e_c = \frac{Q_d}{N_d} \cdot 4.5d_c \cdot \left(\frac{h_{tot}}{100d_c}\right)^2 \tag{B.3}$$

式中:k_r——约束的转动刚度(Nmm/rad);

注:约束来自基础,见 EN 1997,或者来自结构的另一部分,例如,地下室。

h_{tot}——自基础算起的墙体或者稳定筒的全高(mm);

d_c——受弯方向稳定筒截面最大尺寸(mm);

N_d——稳定筒底部竖向荷载设计值(N);

Q_d——总竖向荷载设计值,针对建筑受稳定筒稳定的部分。

附录 C

(资料性)

墙体加载后平面外偏心距的简化计算方法

(1)在计算墙体上荷载的偏心距时,墙和楼盖间的节点可以采用未开裂的横截面并假定材料是弹性的进行简化。可以使用框架分析或者单独节点分析。

(2)节点分析可以简化,如图 C.1 所示,少于 4 个构件时,因不存在节点,可忽略。远离丁字连接的构件端部,宜视作固定端,除非知道远端没有力矩,可认为是铰接。节点 1 处端力矩 M_1 [AC> 可按公式(C.1)计算,节点 2 处弯矩 M_2 也可按公式(C.1)计算,但采用 E_2I_2/h_2 代替公式中分子上的 E_1I_1/h_1。<AC]

[AC> $$M_1 = \frac{\frac{n_1E_1I_1}{h_1}}{\frac{n_1E_1I_1}{h_1}+\frac{n_2E_2I_2}{h_2}+\frac{n_3E_3I_3}{l_3}+\frac{n_4E_4I_4}{l_4}}\left[\frac{w_3l_3^2}{4(n_3-1)}-\frac{w_4l_4^2}{4(n_4-1)}\right] \tag{C.1}$$ <AC]

式中:n_i——构件的刚度系数,两端固定的构件,刚度系数取 4,其他取 3;

E_i——第 i 个构件的弹性模量,$i=1,2,3$ 或 4;

注: [AC>对于所有砌体构件,弹性模量 E 取 $1000f_k$ 在正常情况下应是足够的。<AC]

[AC> I_i——第 i 个构件的截面惯性矩,其中 $i=1,2,3$ 或 4(对于仅一叶承重的夹心墙,I_i 宜仅为承重叶的惯性矩);<AC]

h_1——第 1 个构件的净高;

h_2——第 2 个构件的净高;

l_3——第 3 个构件的净跨;

l_4——第 4 个构件的净跨;

w_3——第 3 个构件的均布荷载设计值,采用 EN 1990 中不利效应下的分项系数;

w_4——第 4 个构件的均布荷载设计值,采用 EN 1990 中不利效应下的分项系数。

注: 当采用木楼板搁栅时,图 C.1 的结构简化框架模型不适用,这时,使用下述(5)。

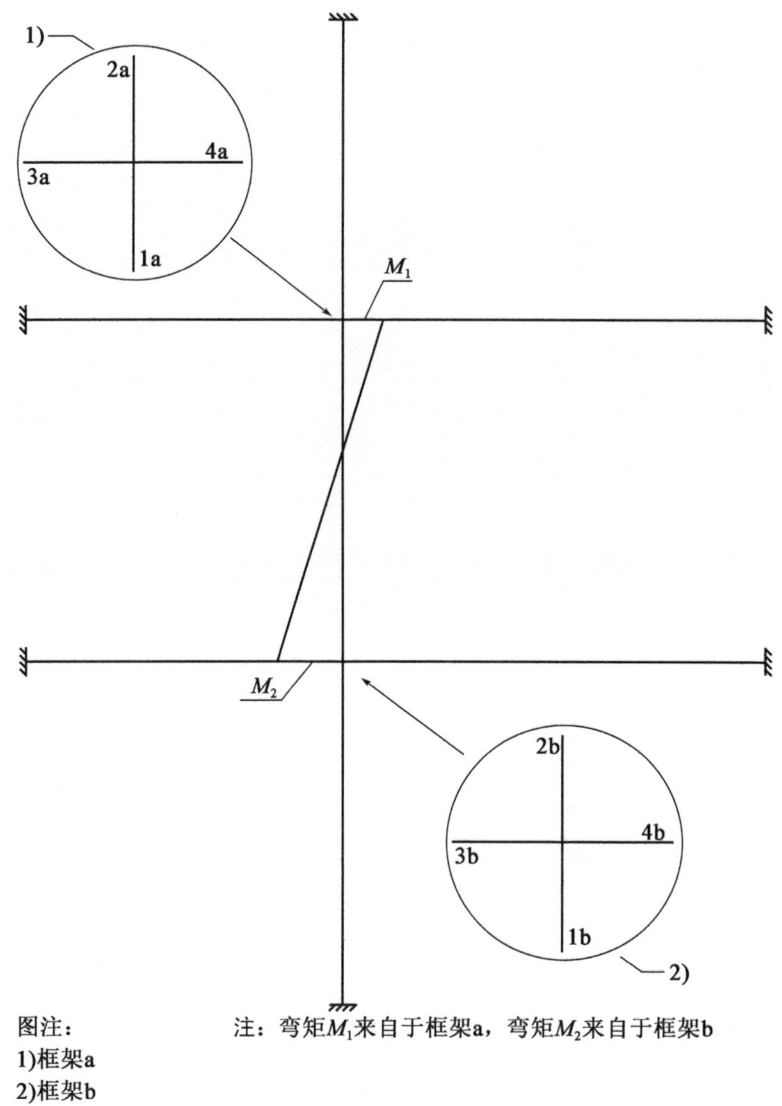

图 C.1 简化框架示意图

(3)一般情况下,如上计算的结果是保守的,因为真实固定是没有的,也就是节点传递的真实力矩的比例,是存在的,尽管楼板和墙的丁字连接是刚接的。根据上述(1)计算的偏心距,允许在设计中乘以系数 η 予以折减。

η 可由试验获得,或者按式[AC⟩$(1-k_m/4)$⟨AC]计算。

式中:

$$[AC\rangle\ k_m=\frac{n_3\dfrac{E_3I_3}{l_3}+n_4\dfrac{E_4I_4}{l_4}}{n_1\dfrac{E_1I_1}{h_1}+n_2\dfrac{E_2I_2}{h_2}}\leqslant 2\ \langle AC] \tag{C.2}$$

公式中符号的意义和(2)中相同。

(4)如果按上述(2)计算的偏心距大于0.45倍墙厚,可基于下述(5)进行设计。

(5)设计中所用荷载的偏心距可基于要求最小支承宽度抵抗的荷载,且不大于0.1倍墙厚,在墙面处,施加应力达到相应的材料强度设计值(见图 C.2)。

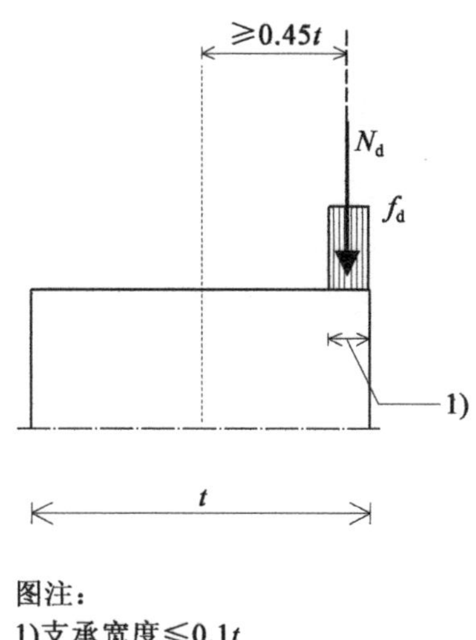

图 C.2　应力区抵抗设计荷载引起的偏心距

注:宜记住,基于本附录的偏心距可能导致楼板或梁的充分转动,以至引起墙体上荷载作用相反面的裂缝。

(6)当楼板搁置在部分墙厚上时,见图 C.3,楼板上的力矩 M_{Edu},和楼盖下的力矩 M_{Edf},可按下述公式(C.3)和式(C.4)计算,前提是得到的值小于按照上述(1)、(2)和(3)得到的值:

$$M_{Edu} = N_{Edu}\frac{(t-3a)}{4} \quad (C.3)$$

$$M_{Edf} = N_{Edf}\frac{a}{2} + N_{Edu}\frac{(t+a)}{4} \quad (C.4)$$

式中:N_{Edu}——上部墙体的荷载设计值;

N_{Edf}——楼板施加的荷载设计值;

a——墙体表面到楼板边的距离。

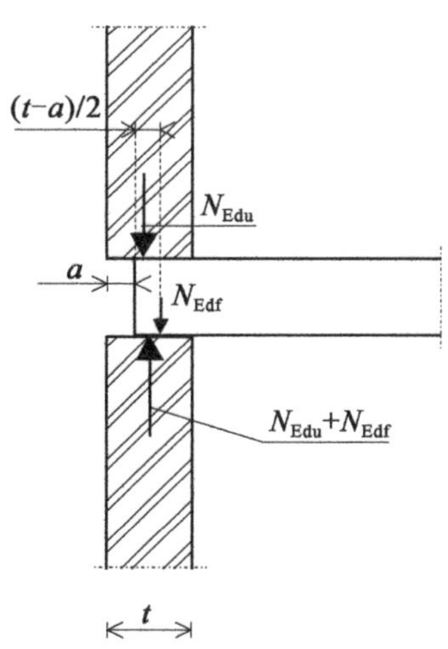

图 C.3　楼板搁置在部分墙厚上时的受力示意图

附录 D
(资料性)

ρ_3 和 ρ_4 的确定

(1)本附录给出 2 个曲线图 D.1 和图 D.2,一个用于确定 ρ_3,另一个用于确定 ρ_4。

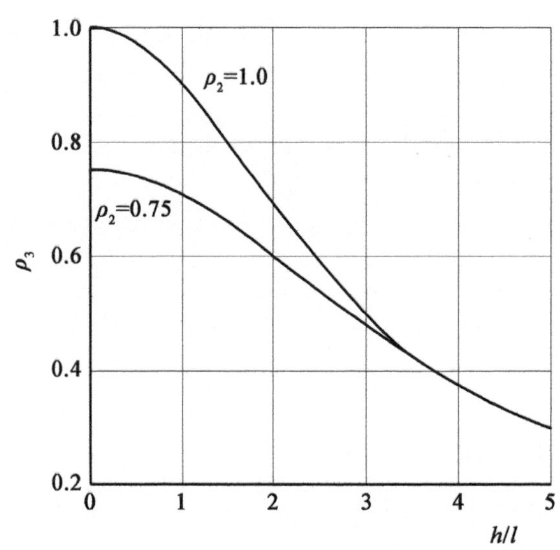

图 D.1 采用公式(5.6)和公式(5.7)时,ρ_3取值曲线图

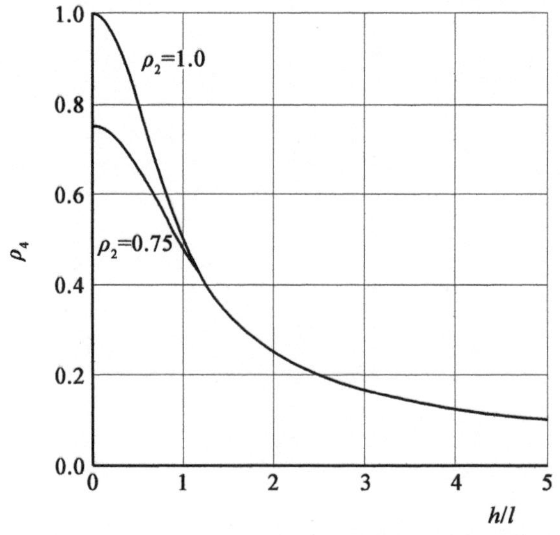

图 D.2 采用公式(5.8)和公式(5.9)时,ρ_4取值曲线图

附录 E

（资料性）

在厚度小于或等于250mm 的单叶横向承载墙板中的弯矩系数 AC〉 α_2 〈AC

AC〉

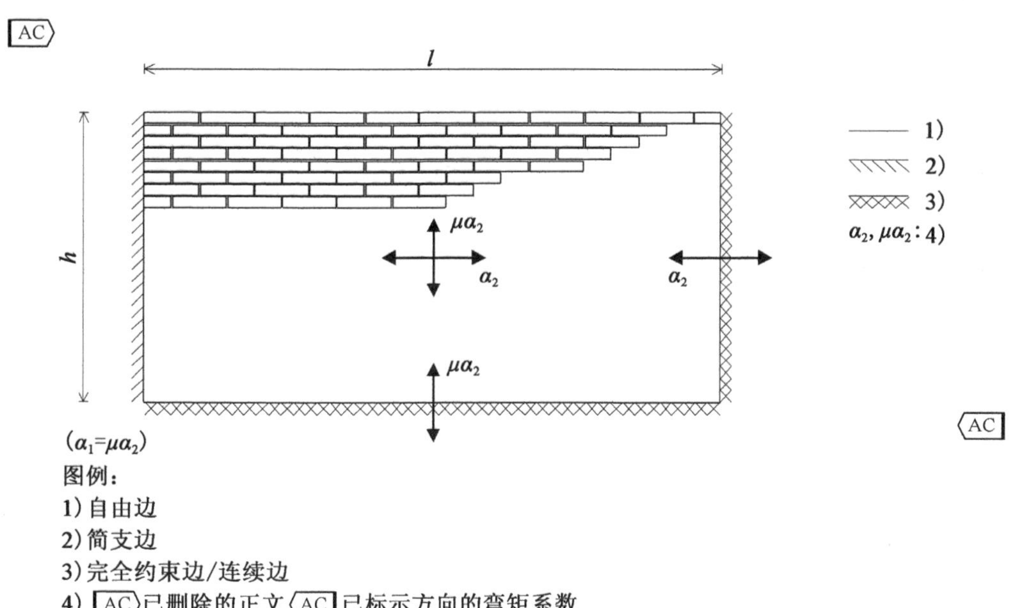

〈AC

($\alpha_1=\mu\alpha_2$)

图例：

1）自由边

2）简支边

3）完全约束边/连续边

4）AC〉已删除的正文〈AC 已标示方向的弯矩系数

图 E.1　表中使用的支承条件的图例说明

墙体支承条件A

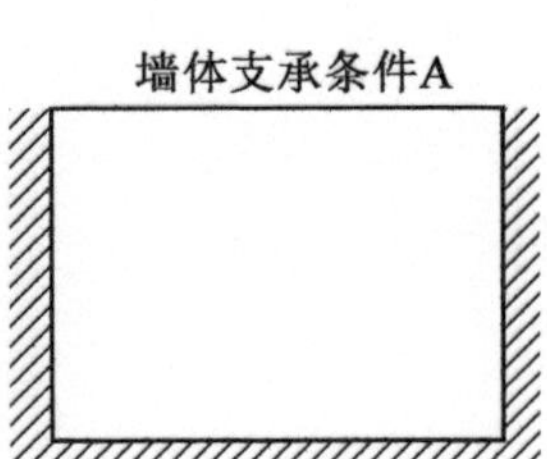

μ	h/l							
	0.30	0.50	0.75	1.00	1.25	1.50	1.75	2.00
1.00	0.031	0.045	0.059	0.071	0.079	0.085	0.090	0.094
0.90	0.032	0.047	0.061	0.073	0.081	0.087	0.092	0.095
0.80	0.034	0.049	0.064	0.075	0.083	0.089	0.093	0.097
0.70	0.035	0.051	0.066	0.077	0.085	0.091	0.095	0.098
0.60	0.038	0.053	0.069	0.080	0.088	0.093	0.097	0.100
0.50	0.040	0.056	0.073	0.083	0.090	0.095	0.099	0.102
0.40	0.043	0.061	0.077	0.087	0.093	0.098	0.101	0.104
0.35	0.045	0.064	0.080	0.089	0.095	0.100	0.103	0.105
0.30	0.048	0.067	0.082	0.091	0.097	0.101	0.104	0.107
0.25	0.050	0.071	0.085	0.094	0.099	0.103	0.106	0.109
0.20	0.054	0.075	0.089	0.097	0.102	0.105	0.108	0.111
0.15	0.060	0.080	0.093	0.100	0.104	0.108	0.110	0.113
0.10	0.069	0.087	0.098	0.104	0.108	0.111	0.113	0.115
0.05	0.082	0.097	0.105	0.110	0.113	0.115	0.116	0.117

墙体支承条件B

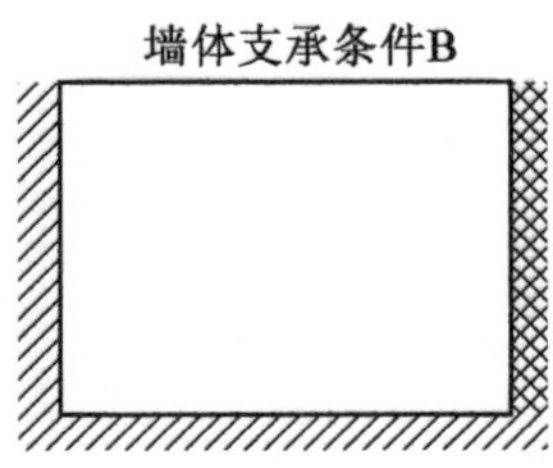

μ	h/l							
	0.30	0.50	0.75	1.00	1.25	1.50	1.75	2.00
1.00	0.024	0.035	0.046	0.053	0.059	0.062	0.065	0.068
0.90	0.025	0.036	0.047	0.055	0.060	0.063	0.066	0.068
0.80	0.027	0.037	0.049	0.056	0.061	0.065	0.067	0.069
0.70	0.028	0.039	0.051	0.058	0.062	0.066	0.068	0.070
0.60	0.030	0.042	0.053	0.059	0.064	0.067	0.069	0.071
0.50	0.031	0.044	0.055	0.061	0.066	0.069	0.071	0.072
0.40	0.034	0.047	0.057	0.063	0.067	0.070	0.072	0.074
0.35	0.035	0.049	0.059	0.065	0.068	0.071	0.073	0.074
0.30	0.037	0.051	0.061	0.066	0.070	0.072	0.074	0.075
0.25	0.039	0.053	0.062	0.068	0.071	0.073	0.075	0.077
0.20	0.043	0.056	0.065	0.069	0.072	0.074	0.076	0.078
0.15	0.047	0.059	0.067	0.071	0.074	0.076	0.077	0.079
0.10	0.052	0.063	0.070	0.074	0.076	0.078	0.079	0.080
0.05	0.060	0.069	0.074	0.077	0.079	0.080	0.081	0.082

墙体支承条件C

μ	h/l							
	0.30	0.50	0.75	1.00	1.25	1.50	1.75	2.00
1.00	0.020	0.028	0.037	0.042	0.045	0.048	0.050	0.051
0.90	0.021	0.029	0.038	0.043	0.046	0.048	0.050	0.052
0.80	0.022	0.031	0.039	0.043	0.047	0.049	0.051	0.052
0.70	0.023	0.032	0.040	0.044	0.048	0.050	0.051	0.053
0.60	0.024	0.034	0.041	0.046	0.049	0.051	0.052	0.053
0.50	0.025	0.035	0.043	0.047	0.050	0.052	0.053	0.054
0.40	0.027	0.038	0.044	0.048	0.051	0.053	0.054	0.055
0.35	0.029	0.039	0.045	0.049	0.052	0.053	0.054	0.055
0.30	0.030	0.040	0.046	0.050	0.052	0.054	0.055	0.056
0.25	0.032	0.042	0.048	0.051	0.053	0.054	0.056	0.057
0.20	0.034	0.043	0.049	0.052	0.054	0.055	0.056	0.058
0.15	0.037	0.046	0.051	0.053	0.055	0.056	0.057	0.059
0.10	0.041	0.048	0.053	0.055	0.056	0.057	0.058	0.059
0.05	0.046	0.052	0.055	0.057	0.058	0.059	0.059	0.060

墙体支承条件D

μ	h/l							
	0.30	0.50	0.75	1.00	1.25	1.50	1.75	2.00
1.00	0.013	0.021	0.029	0.035	0.040	0.043	0.045	0.047
0.90	0.014	0.022	0.031	0.036	0.040	0.043	0.046	0.048
0.80	0.015	0.023	0.032	0.038	0.041	0.044	0.047	0.048
0.70	0.016	0.025	0.033	0.039	0.043	0.045	0.047	0.049
0.60	0.017	0.026	0.035	0.040	0.044	0.046	0.048	0.050
0.50	0.018	0.028	0.037	0.042	0.045	0.048	0.050	0.051
0.40	0.020	0.031	0.039	0.043	0.047	0.049	0.051	0.052
0.35	0.022	0.032	0.040	0.044	0.048	0.050	0.051	0.053
0.30	0.023	0.034	0.041	0.046	0.049	0.051	0.052	0.053
0.25	0.025	0.035	0.043	0.047	0.050	0.052	0.053	0.054
0.20	0.027	0.038	0.044	0.048	0.051	0.053	0.054	0.055
0.15	0.030	0.040	0.046	0.050	0.052	0.054	0.055	0.056
0.10	0.034	0.043	0.049	0.052	0.054	0.055	0.056	0.057
0.05	0.041	0.048	0.053	0.055	0.056	0.057	0.058	0.059

墙体支承条件E

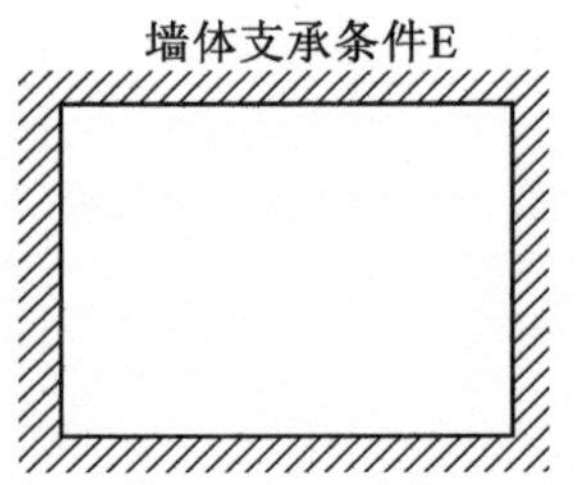

μ	h/l							
	0.30	0.50	0.75	1.00	1.25	1.50	1.75	2.00
1.00	0.008	0.018	0.030	0.042	0.051	0.059	0.066	0.071
0.90	0.009	0.019	0.032	0.044	0.054	0.062	0.068	0.074
0.80	0.010	0.021	0.035	0.046	0.056	0.064	0.071	0.076
0.70	0.011	0.023	0.037	0.049	0.059	0.067	0.073	0.078
0.60	0.012	0.025	0.040	0.053	0.062	0.070	0.076	0.081
0.50	0.014	0.028	0.044	0.057	0.066	0.074	0.080	0.085
0.40	0.017	0.032	0.049	0.062	0.071	0.078	0.084	0.088
0.35	0.018	0.035	0.052	0.064	0.074	0.081	0.086	0.090
0.30	0.020	0.038	0.055	0.068	0.077	0.083	0.089	0.093
0.25	0.023	0.042	0.059	0.071	0.080	0.087	0.091	0.096
0.20	0.026	0.046	0.064	0.076	0.084	0.090	0.095	0.099
0.15	0.032	0.053	0.070	0.081	0.089	0.094	0.098	0.103
0.10	0.039	0.062	0.078	0.088	0.095	0.100	0.103	0.106
0.05	0.054	0.076	0.090	0.098	0.103	0.107	0.109	0.110

墙体支承条件F

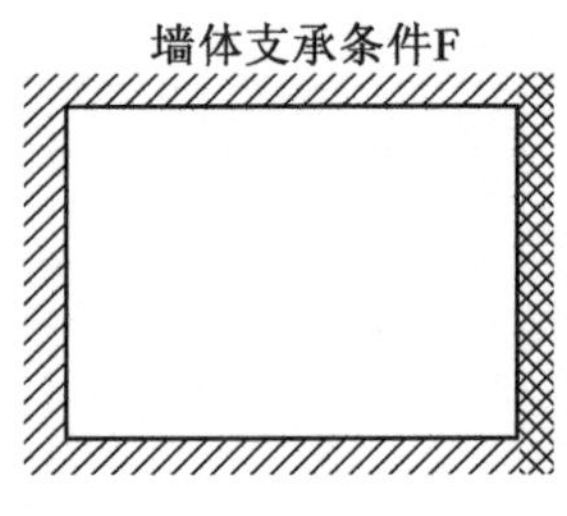

μ	h/l							
	0.30	0.50	0.75	1.00	1.25	1.50	1.75	2.00
1.00	0.008	0.016	0.026	0.034	0.041	0.046	0.051	0.054
0.90	0.008	0.017	0.027	0.036	0.042	0.048	0.052	0.055
0.80	0.009	0.018	0.029	0.037	0.044	0.049	0.054	0.057
0.70	0.010	0.020	0.031	0.039	0.046	0.051	0.055	0.058
0.60	0.011	0.022	0.033	0.042	0.048	0.053	0.057	0.060
0.50	0.013	0.024	0.036	0.044	0.051	0.056	0.059	0.059
0.40	0.015	0.027	0.039	0.048	0.054	0.058	0.062	0.064
0.35	0.016	0.029	0.041	0.050	0.055	0.060	0.063	0.066
0.30	0.018	0.031	0.044	0.052	0.057	0.062	0.065	0.067
0.25	0.020	0.034	0.046	0.054	0.060	0.063	0.066	0.069
0.20	0.023	0.037	0.049	0.057	0.062	0.066	0.068	0.070
0.15	0.027	0.042	0.053	0.060	0.065	0.068	0.070	0.072
0.10	0.032	0.048	0.058	0.064	0.068	0.071	0.073	0.074
0.05	0.043	0.057	0.066	0.070	0.073	0.075	0.077	0.078

墙体支承条件G

μ	h/l							
	0.30	0.50	0.75	1.00	1.25	1.50	1.75	2.00
1.00	0.007	0.014	0.022	0.028	0.033	0.037	0.040	0.042
0.90	0.008	0.015	0.023	0.029	0.034	0.038	0.041	0.043
0.80	0.008	0.016	0.024	0.031	0.035	0.039	0.042	0.044
0.70	0.009	0.017	0.026	0.032	0.037	0.040	0.043	0.045
0.60	0.010	0.019	0.028	0.034	0.038	0.042	0.044	0.046
0.50	0.011	0.021	0.030	0.036	0.040	0.043	0.046	0.048
0.40	0.013	0.023	0.032	0.038	0.042	0.045	0.047	0.049
0.35	0.014	0.025	0.033	0.039	0.043	0.046	0.048	0.050
0.30	0.016	0.026	0.035	0.041	0.044	0.047	0.049	0.051
0.25	0.018	0.028	0.037	0.042	0.046	0.048	0.050	0.052
0.20	0.020	0.031	0.039	0.044	0.047	0.050	0.052	0.054
0.15	0.023	0.034	0.042	0.046	0.049	0.051	0.053	0.055
0.10	0.027	0.038	0.045	0.049	0.052	0.053	0.055	0.057
0.05	0.035	0.044	0.050	0.053	0.055	0.056	0.057	0.058

墙体支承条件H

μ	h/l							
	0.30	0.50	0.75	1.00	1.25	1.50	1.75	2.00
1.00	0.005	0.011	0.018	0.024	0.029	0.033	0.036	0.039
0.90	0.006	0.012	0.019	0.025	0.030	0.034	0.037	0.040
0.80	0.006	0.013	0.020	0.027	0.032	0.035	0.038	0.041
0.70	0.007	0.014	0.022	0.028	0.033	0.037	0.040	0.042
0.60	0.008	0.015	0.024	0.030	0.035	0.038	0.041	0.043
0.50	0.009	0.017	0.025	0.032	0.036	0.040	0.043	0.045
0.40	0.010	0.019	0.028	0.034	0.039	0.042	0.045	0.047
0.35	0.011	0.021	0.029	0.036	0.040	0.043	0.046	0.047
0.30	0.013	0.022	0.031	0.037	0.041	0.044	0.047	0.049
0.25	0.014	0.024	0.033	0.039	0.043	0.046	0.048	0.051
0.20	0.016	0.027	0.035	0.041	0.045	0.047	0.049	0.052
0.15	0.019	0.030	0.038	0.043	0.047	0.049	0.051	0.053
0.10	0.023	0.034	0.042	0.047	0.050	0.052	0.053	0.054
0.05	0.031	0.041	0.047	0.051	0.053	0.055	0.056	0.056

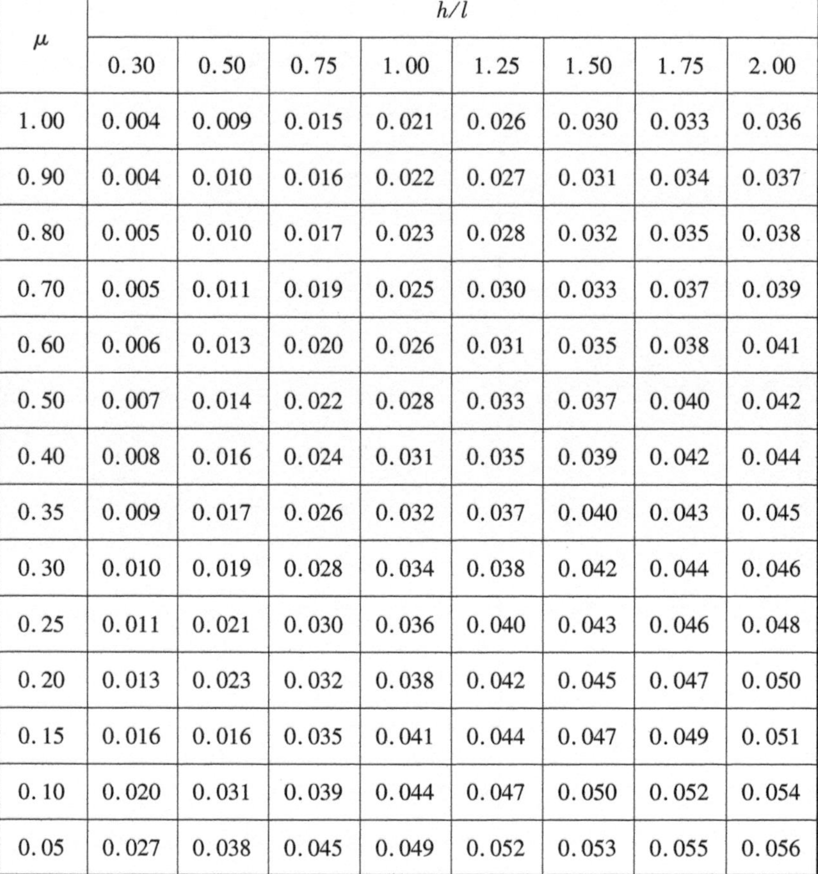

μ	h/l							
	0.30	0.50	0.75	1.00	1.25	1.50	1.75	2.00
1.00	0.004	0.009	0.015	0.021	0.026	0.030	0.033	0.036
0.90	0.004	0.010	0.016	0.022	0.027	0.031	0.034	0.037
0.80	0.005	0.010	0.017	0.023	0.028	0.032	0.035	0.038
0.70	0.005	0.011	0.019	0.025	0.030	0.033	0.037	0.039
0.60	0.006	0.013	0.020	0.026	0.031	0.035	0.038	0.041
0.50	0.007	0.014	0.022	0.028	0.033	0.037	0.040	0.042
0.40	0.008	0.016	0.024	0.031	0.035	0.039	0.042	0.044
0.35	0.009	0.017	0.026	0.032	0.037	0.040	0.043	0.045
0.30	0.010	0.019	0.028	0.034	0.038	0.042	0.044	0.046
0.25	0.011	0.021	0.030	0.036	0.040	0.043	0.046	0.048
0.20	0.013	0.023	0.032	0.038	0.042	0.045	0.047	0.050
0.15	0.016	0.016	0.035	0.041	0.044	0.047	0.049	0.051
0.10	0.020	0.031	0.039	0.044	0.047	0.050	0.052	0.054
0.05	0.027	0.038	0.045	0.049	0.052	0.053	0.055	0.056

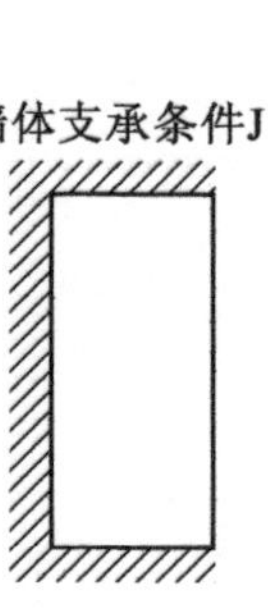

μ	h/l							
	0.30	0.50	0.75	1.00	1.25	1.50	1.75	2.00
1.00	0.009	0.023	0.046	0.071	0.096	0.122	0.151	0.180
0.90	0.010	0.026	0.050	0.076	0.103	0.131	0.162	0.193
0.80	0.012	0.028	0.054	0.083	0.111	0.142	0.175	0.208
0.70	0.013	0.032	0.060	0.091	0.121	0.156	0.191	0.227
0.60	0.015	0.036	0.067	0.100	0.135	0.173	0.211	0.250
0.50	0.018	0.042	0.077	0.113	0.153	0.195	0.237	0.280
0.40	0.021	0.050	0.090	0.131	0.177	0.225	0.272	0.321
0.35	0.024	0.055	0.098	0.144	0.194	0.244	0.296	0.347
0.30	0.027	0.062	0.108	0.160	0.214	0.269	0.325	0.381
0.25	0.032	0.071	0.122	0.180	0.240	0.300	0.362	0.428
0.20	0.038	0.083	0.142	0.208	0.276	0.344	0.413	0.488
0.15	0.048	0.100	0.173	0.250	0.329	0.408	0.488	0.570
0.10	0.065	0.131	0.224	0.321	0.418	0.515	0.613	0.698
0.05	0.106	0.208	0.344	0.482	0.620	0.759	0.898	0.959

墙体支承条件K

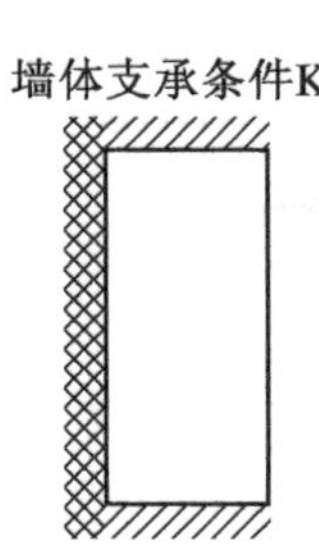

μ	h/l							
	0.30	0.50	0.75	1.00	1.25	1.50	1.75	2.00
1.00	0.009	0.021	0.038	0.056	0.074	0.091	0.108	0.123
0.90	0.010	0.023	0.041	0.060	0.079	0.097	0.113	0.129
0.80	0.011	0.025	0.045	0.065	0.084	0.103	0.120	0.136
0.70	0.012	0.028	0.049	0.070	0.091	0.110	0.128	0.145
0.60	0.014	0.031	0.054	0.077	0.099	0.119	0.138	0.155
0.50	0.016	0.035	0.061	0.085	0.109	0.130	0.149	0.167
0.40	0.019	0.041	0.069	0.097	0.121	0.144	0.164	0.182
0.35	0.021	0.045	0.075	0.104	0.129	0.152	0.173	0.191
0.30	0.024	0.050	0.082	0.112	0.139	0.162	0.183	0.202
0.25	0.028	0.056	0.091	0.123	0.150	0.174	0.196	0.217
0.20	0.033	0.064	0.103	0.136	0.165	0.190	0.211	0.234
0.15	0.040	0.077	0.119	0.155	0.184	0.210	0.231	0.253
0.10	0.053	0.096	0.144	0.182	0.213	0.238	0.260	0.279
0.05	0.080	0.136	0.190	0.230	0.260	0.286	0.306	0.317

墙体支承条件L

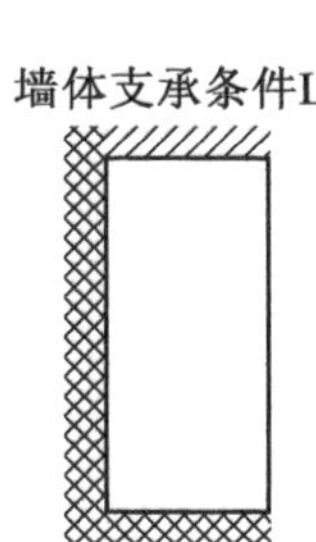

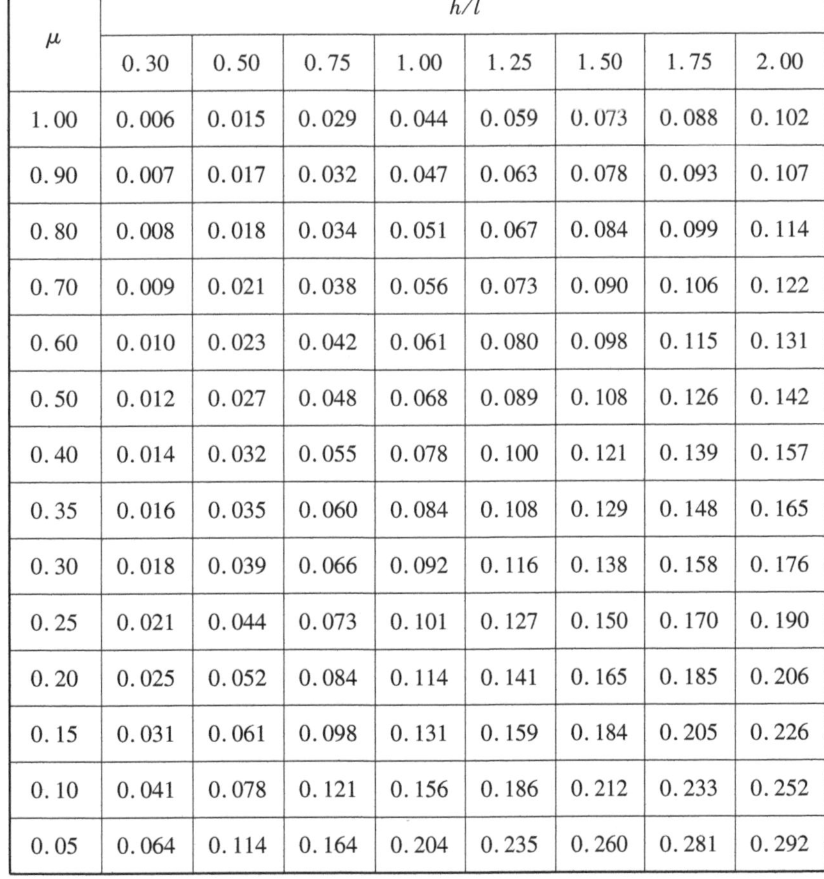

μ	h/l							
	0.30	0.50	0.75	1.00	1.25	1.50	1.75	2.00
1.00	0.006	0.015	0.029	0.044	0.059	0.073	0.088	0.102
0.90	0.007	0.017	0.032	0.047	0.063	0.078	0.093	0.107
0.80	0.008	0.018	0.034	0.051	0.067	0.084	0.099	0.114
0.70	0.009	0.021	0.038	0.056	0.073	0.090	0.106	0.122
0.60	0.010	0.023	0.042	0.061	0.080	0.098	0.115	0.131
0.50	0.012	0.027	0.048	0.068	0.089	0.108	0.126	0.142
0.40	0.014	0.032	0.055	0.078	0.100	0.121	0.139	0.157
0.35	0.016	0.035	0.060	0.084	0.108	0.129	0.148	0.165
0.30	0.018	0.039	0.066	0.092	0.116	0.138	0.158	0.176
0.25	0.021	0.044	0.073	0.101	0.127	0.150	0.170	0.190
0.20	0.025	0.052	0.084	0.114	0.141	0.165	0.185	0.206
0.15	0.031	0.061	0.098	0.131	0.159	0.184	0.205	0.226
0.10	0.041	0.078	0.121	0.156	0.186	0.212	0.233	0.252
0.05	0.064	0.114	0.164	0.204	0.235	0.260	0.281	0.292

附录 F
(资料性)
正常使用极限状态下墙体高厚比和长厚比的限值

(1)尽管墙体能满足承载能力极限状态要求,但是必须进行验算,其尺寸仍宜根据图中所示的约束条件,满足图 F.1、图 F.2 或图 F.3 的规定。图中,h 是墙体净高,l 是墙长,t 是墙厚,对于夹心墙采用 t_{ef} 代替 t。

(2)当墙体在顶部受约束,其他端不受约束时,h 宜限制为 $30t$。

(3)本附录在墙厚或夹心墙一叶的墙厚不小于 100mm 时有效。

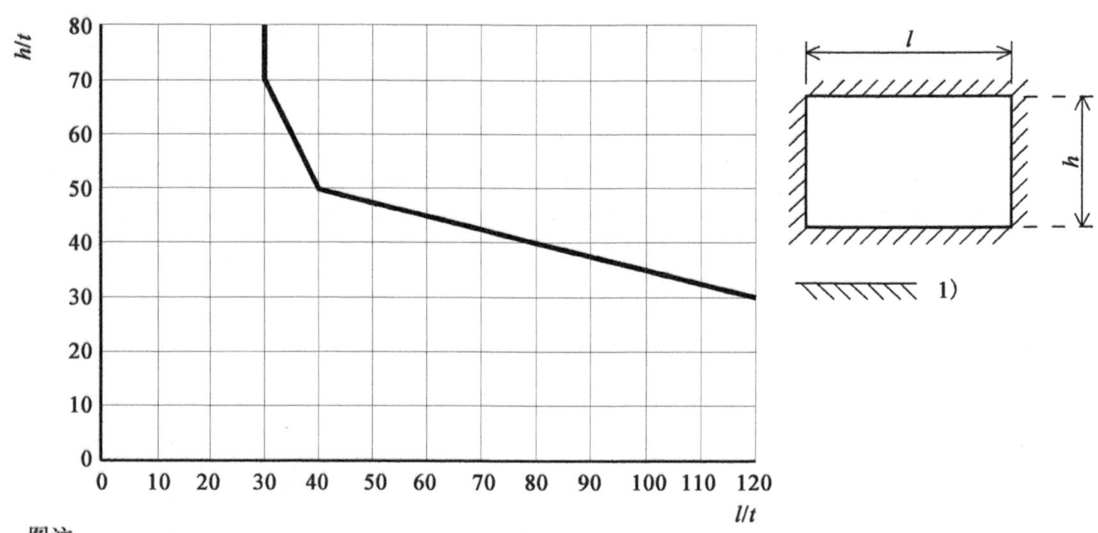

图注:
1)简支或墙体充分连续

图 F.1　四边受约束墙体的高厚比和长厚比的限值

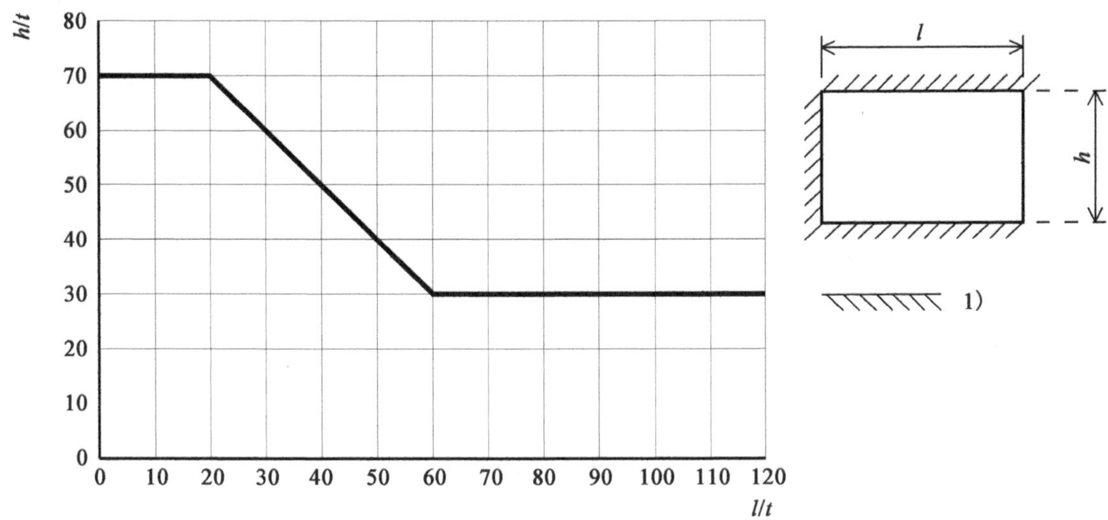

图注：
1)简支或墙体充分连续

图 F.2　底部、顶部、1 个竖向边受约束的墙体的高厚比和长厚比限值

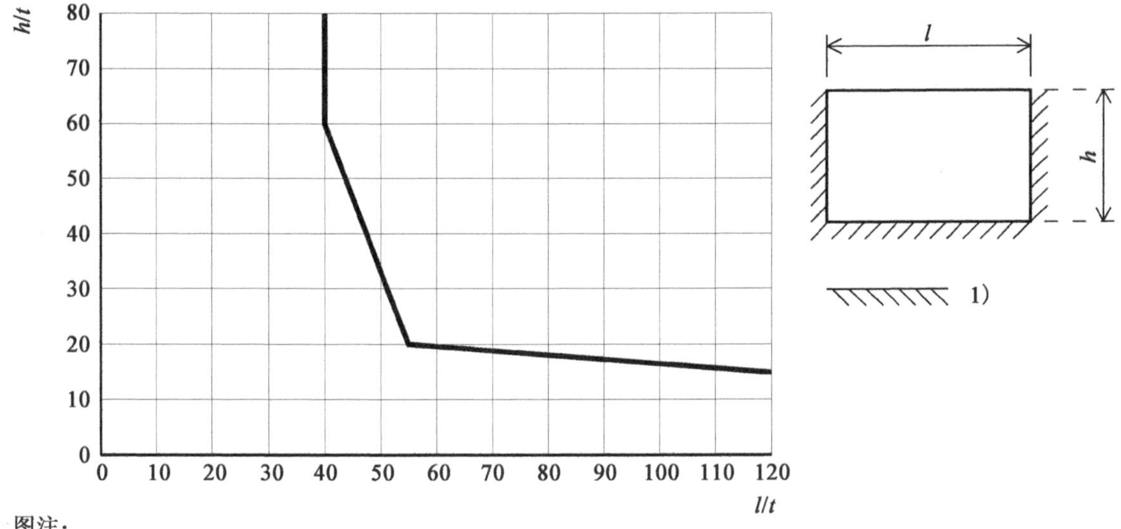

图注：
1)简支或墙体充分连续

图 F.3　底部、竖向边受约束但顶部不受约束的墙体的高厚比和长厚比限值

附录 G

（资料性）

高厚比和偏心距的折减系数

(1)在墙高中部,采用6.1.1给出的一般原则性规定的简化方法,针对各种弹性模量 E 和无筋砌体的抗压强度标准值 f_k,考虑墙体的高厚比和荷载的偏心距,其折减系数 Φ_m 可按下式估算:

$$\boxed{AC}\rangle\ \Phi_m = A_1 e^{-\frac{u^2}{2}} \langle\boxed{AC} \tag{G.1}$$

式中:

$$A_1 = 1 - 2\frac{e_{mk}}{t} \tag{G.2}$$

$$u = \frac{\lambda - 0.063}{0.73 - 1.17\frac{e_{mk}}{t}} \tag{G.3}$$

其中:

$$\lambda = \frac{h_{ef}}{t_{ef}}\sqrt{\frac{f_k}{E}} \tag{G.4}$$

上式中,e_{mk}、h_{ef}、t 和 t_{ef} 的定义同6.1.2.2,e是自然对数的底。

(2)当 $E=1000f_k$ 时,公式(G.3)变为:

$$u = \frac{\frac{h_{ef}}{t_{ef}} - 2}{23 - 37\frac{e_{mk}}{t}} \tag{G.5}$$

当 $E=700f_k$ 时:

$$u = \frac{\frac{h_{ef}}{t_{ef}} - 1.67}{19.3 - 31\frac{e_{mk}}{t}} \tag{G.6}$$

(3)从公式(G.5)和公式(G.6)导出的 Φ_m 的值以图表形式体现在图G.1和图G.2中。

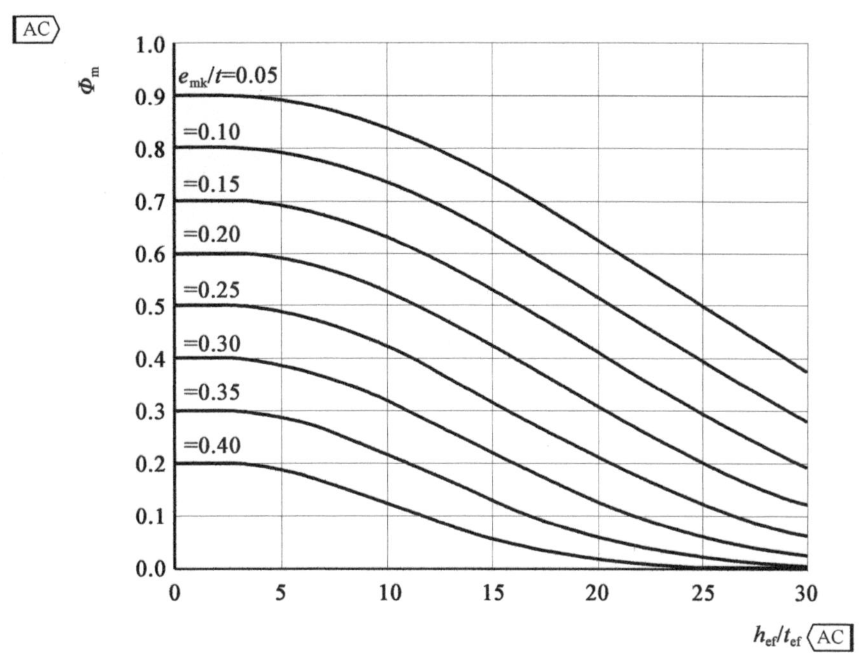

图 G.1 基于 $E=1000f_k$ 时，针对不同偏心距的高厚比，其对应 Φ_m 的值

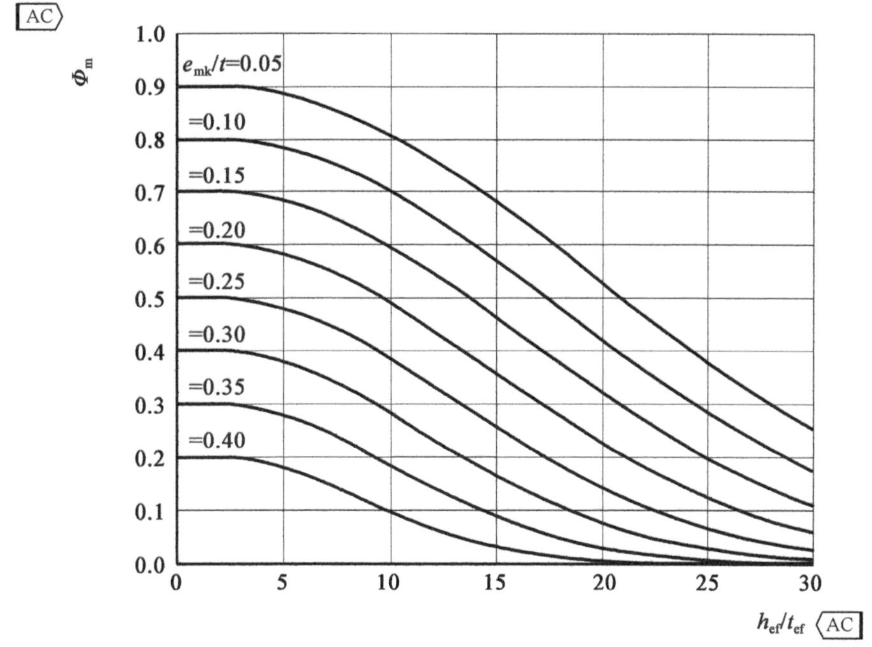

图 G.2 基于 $E=700f_k$ 时，针对不同偏心距的高厚比，其对应 Φ_m 的值

附录 H
(资料性)
6.1.3 中的提高系数

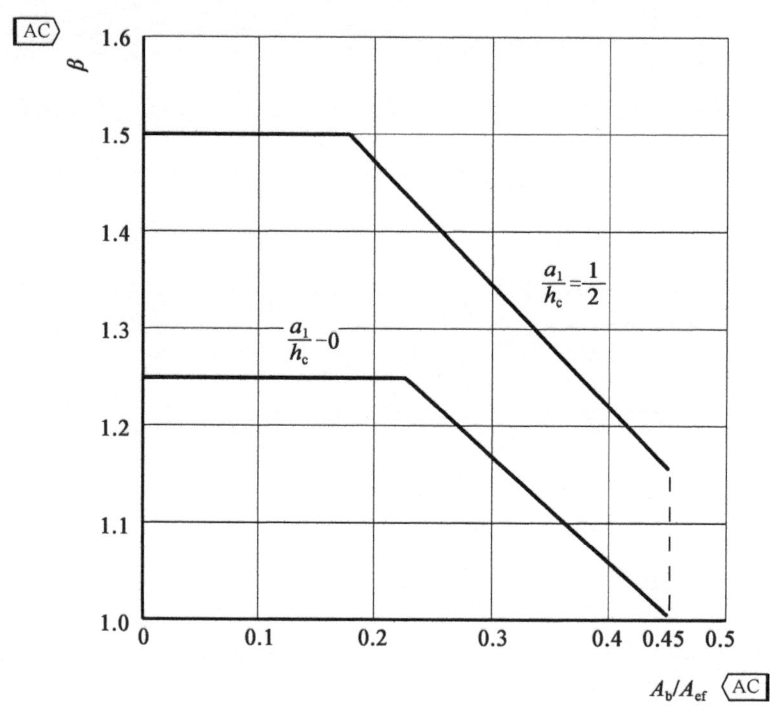

图 H.1 6.1.3 中的提高系数曲线图:支座下的集中荷载

附录 I

(资料性)

承受平面外水平荷载和竖向荷载的三边或四边支承墙体的横向荷载调整

(1)假定墙体承受平面外水平荷载和竖向偏心荷载。

注:如果设计时规定了足够的拉结件数量,则墙体顶部的力矩(由竖向荷载偏心引起)可能重新分布在夹心墙的内叶和外叶上。

(2)如果墙体是夹心墙的一部分,平面外水平荷载可在两叶间分摊[见 6.3.1(6)]。

(3)洞口上方的竖向荷载宜分配到洞口两边的墙体上。

(4)作用在墙体上的平面外水平荷载,根据 6.1 验算时,可用公式(I.1)的系数 k 进行折减:

$$k = 8\mu\alpha\frac{l^2}{h^2} \tag{I.1}$$

注:系数 k 表示竖向横跨墙体荷载承载力和实际墙面上的横向荷载承载力的比值(考虑可能的边界约束)。

式中:k——竖向横跨墙体的横向荷载承载力和实际墙面上横向荷载承载力的比值(考虑边界约束);

α——相关的弯矩系数,见 5.5.5;

μ——砌体抗弯强度标准值的正交比,见 5.5.5;

h——墙高;

l——墙长。

附录 J
(资料性)
承受剪切荷载的配筋砌体：f_{vd} 的提高

(1)在空腔、芯孔或按 3.3 用灌孔混凝土填筑的夹心墙中配置主筋的墙体或者梁，Ⓐ₁砂浆强度至少为 6N/mm²，Ⓐ₁用于计算 V_{RD1} 的 f_{vd} 的值可按下式计算：

$$f_{vd} = \frac{0.35 + 17.5\rho}{\gamma_M} \qquad (J.1)$$

前提是 f_{vd} 不大于 $0.7/\gamma_M$(N/mm²)。

式中：

$$\rho = \frac{A_s}{bd} \qquad (J.2)$$

A_s——主筋的截面面积；

b——截面宽度；

d——有效深度；

γ_M——砌体的分项系数。

Ⓐ₁(2)在空腔、芯孔或按 3.3 用灌孔混凝土填筑的夹心墙中配置主筋的简支配筋梁或者悬臂挡墙，砂浆强度至少为 6N/mm²。剪跨 a_v 和有效深度 d 之比小于或等于 6 时，f_{vd} 可采用增大系数 χ，其中：

$$\chi = \left(2.5 - 0.25\frac{a_v}{d}\right) \qquad (J.3)$$

前提是 f_{vd} 不大于 $1.75/\gamma_M$(N/mm²)。

剪跨 a_v 的值为构件中的最大弯矩除以构件中的最大剪力。Ⓐ₁